How to Make Up Your Eyes

Create the Perfect Eyebrow

Beauty and Fashion Secrets for Eyes

Sense of Beauty to Enjoy

Easy Step-by-Step Techniques for Eye Makeup

if a drop of water falls
in lake there is no identity.
but if it falls on a leaf of lotus it shine
like a pearl. so choose the best place
where you would shine.

How to Make Up Your Eyes

Create the Perfect Eyebrow

Beauty and Fashion Secrets for Eyes

A Sense of Beauty to Enjoy

Easy Step-by-Step Techniques for Eye Makeup

天后御用造型师

Kevin's 彩妆术

陈凯文／著

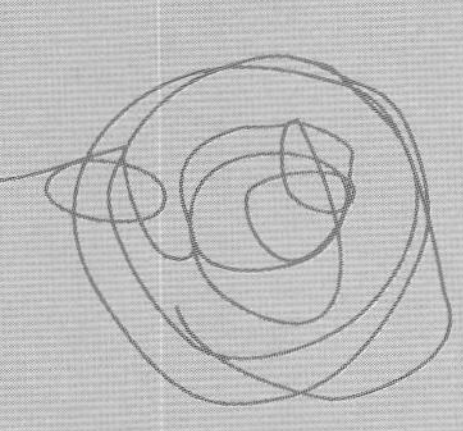

九州出版社
JIUZHOUPRESS

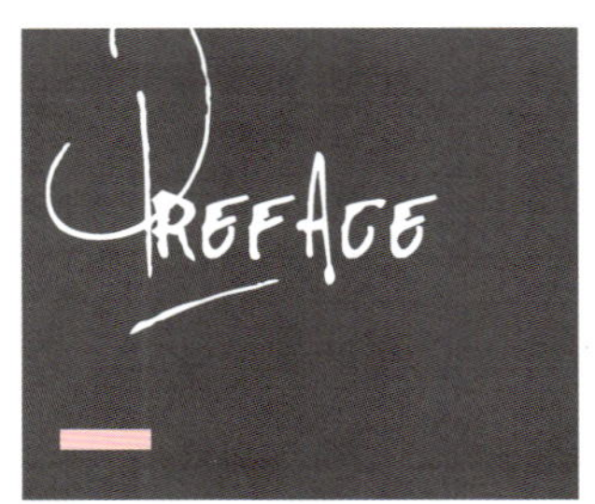

自序

从22岁进入M・A・C至今，“彩妆”无疑地成了我人生中的重心。在M・A・C完整且严格的训练下，我除了因站柜与客人互动而了解多数人对彩妆的疑惑与喜好外，也学会如何拿捏电视妆、摄影棚妆、舞台妆等专业技巧，每年穿梭于米兰、东京、上海、北京、悉尼等彩妆发表会，也为后来成为明星彩妆师打下基础。

对我来说，“彩妆”是十分有趣的事情。在每一张不同的脸蛋上，表现出创意与质感。这些年我与张惠妹、萧亚轩、邱泽、张孝全、曾恺玹、谢欣颖、白百合等人合作，从中得到很多成就感。其中，能够成功打造“阿密特”，除了感谢阿妹与其经纪人给我极大的发挥空间，我自己也非常满意自己的表现。

之所以会出这本书，主要有两个想法。第一个是，当年在M・A・C专柜服务客人，卖得最好的产品永远是口红，因为台湾女生相信，出门只要画上口红，就算是有化妆。但其实在裸妆风当道多年后，彩妆趋势早已改变，能把眼妆画好，能更凸显灵魂之窗的美，也更能展现个人魅力。难怪不少女明星在受访时都说，如果哪天流落荒岛，只能带一样化妆品时，她们会选择睫毛膏！

但对多数人来说，总感觉眼妆困难度很高。所以我特别想透过这本书，告诉大家怎么样用最短的时间，画一个看起来很难，其实一点都不难的眼妆。

这也是为什么我选择了韩系风格来呈现。比起日系眼妆经常有大大小小不同程度的晕染，韩系眼妆在技巧上的要求没有那么高。另一方面，韩系彩妆走干净、简单的路线，我觉得更适合台湾女生，能够表现更多的甜美与清新。

书中针对了不同族群、不同眼形的女生，对症下药。也特别拉出睫毛、眼线等篇章，让大家学习如何靠好好地夹睫毛或者细细一条眼线就能让自己看起来有精神。而女生担心的眼周黯沉问题，书中也简单地提供了一些保养方法。

总而言之，就是希望透过这本书，拉近大家与眼妆之间的距离，不要再感觉眼妆好难画。只要了解自己的眼形，慢慢练习，自然会一天画得比一天好，往正妹之路持续前进！

目录

never frown
even when you are sad,
because you never know
who is falling in love with your smile.

写在开始化妆前

韩系彩妆重点教学

1 | 裸　2 | 线　3 | 色

裸

肌肤追求的不外乎就是“裸”，想要达成梦想中没有粉感、没有瑕疵的完美肤质，首先要请大家拥有正确的观念！**妆前的保养与化妆同等重要**，满满的保湿及Q弹肤质为肌底，只要局部在T字及两颊以饰底乳提亮，加以少量的粉底进行遮瑕，最后依据想要的妆感定妆，创造出宛若天生的粉嫩透亮感，绝对没有你想象中的困难。

线

这是个线条的新世代！不管是男生或女生都开始画上眼线了！抛弃过往的粗黑距离感，柔美个性多变的线条正是本书的重点。除了基础内、外眼线，再加上平拉、上扬等各种不同的勾勒，眼睛转变的瞬间也让你拥有全新面貌。对于无法轻松驾驭眼线的人来说，眉毛的轮廓线条也是重点之一。例如流行的自然粗眉或个性化的平眉，都可以表现不同的风格。

色

当鲜明饱和的色彩回归到了“双唇”，我们可以从妆感到整体的造型搭配上来选择适合自己的唇彩。如健康活力的**橘色**、甜美的**粉桃色**，大胆饱和的**荧光色系**，以及一直流行的**正红色**的唇膏等，这些颜色都是可以成为强调脸部彩妆的重点。

ChApTER 4

与生俱来！天生眼形的改造

天生的眼形无法改变，不妨靠化妆制造出不同的效果！

1-1 绝对要入手的眼妆好帮手

只要有了眼妆工具的大力帮助，不但能够有效缩短化妆的时间，更可以帮助你画出精致完美的妆容。到底该如何从众多的产品中挑选出最适合自己的工具呢？

基本工具介绍

1 2 3 4 5 6

1 / **眼部遮瑕刷** 刷毛密实且尖端较窄的设计，能轻易地将遮瑕膏上于靠近眼头与睫毛根部等较难触及的部位，亦可以使用遮瑕刷重点式遮盖痘疤。
2 / **眼线刷** 扎实的短毛眼线刷，刷毛的裁切角度能轻易描绘不会过粗或过细的眼线。
3 / **眼影刷（大）** 柔软的刷毛设计，吸附力佳。刷头略呈圆弧形，毛尖微微松散。适用于粉状、霜状或水性眼部产品。
4 / **眼影刷（小）** 浓密而柔软的刷毛，刷头的两边缘处呈圆弧状，使用于眼影上色或推开的眼妆技巧。
5 / **眉刷** 斜角设计的眉刷，能蘸取眉粉，或蘸取眼影作为眉粉使用，雕塑与描绘自然眉形。
6 / **睫毛夹** 睫毛夹内的黑色橡皮垫符合东方人的眼形弧度，并具有优越的弹性，不伤睫毛并能轻松夹出自然卷翘的睫毛。

进阶工具介绍

7　　8　　9　　10　　11　　12

7 / **眼影打底刷** 较宽的扁平刷毛设计，能覆盖整个眼皮部位。在整个眼皮刷上以浅色眼影的打底，是非常重要的眼妆步骤，能让眼妆色泽均匀且持久。

8 / **眼影刷（圆）** 拥有柔软密实的刷毛设计，可用于眼影打底。

9 / **眼影刷（平）** 较小的扁平刷毛设计，能加强眼尾的颜色。

10 / **晕色刷** 适用于眼部和颧骨的晕染，可创造立体、细致的眼妆，不管是粉状、霜状或水性的眼彩产品都适用。

11 / **睫毛刷** 以硬质而纤细的人造纤维制成的刷毛，外形似睫毛膏刷棒之螺旋刷毛设计，可用于刷睫毛膏、梳理睫毛或修饰眉毛。

12 / **局部睫毛夹** 可加强眼头与眼尾的睫毛卷翘度，亦可用于较为稀疏的下睫毛，只要轻压5到10秒就能拥有亮丽的电眼效果 。

刷具的清洁与保养

每一次使用完刷具，一定要做基本的清洁。每隔一个月或两个月也要将刷具做一次深层的清洁。以笔刷清洁剂打湿刷具并在手心搓揉，将刷毛在手心来回画圆，直到刷毛沾附泡沫为止。接着再以清水冲洗刷毛，记得千万不要将刷毛浸泡于水中，这样会使固定刷毛的黏胶软化而脱落。之后再使用干净的毛巾压干过多水分，然后顺一顺刷毛，并以刷毛悬空于桌面边缘处的方式晾干刷具。记得不要将毛巾垫在刷具下方，以免导致刷毛发霉。

1-2 完美眼妆从认识自己的眼形开始

化妆千万不能只是一味地跟随流行，只要找出自己的眼形，用对化妆技巧，大家都可以在最短的时间内，将自己的优点放大，并修饰个人的缺点，无需医美整形，就能让双眸变得更加明媚动人！

双眼皮

眼头的宽度比例适中，黑眼珠与眼白露出的比例正常，可说是一种非常漂亮又相当好画眼妆的眼形。因为形状像杏仁又圆又长又美丽，因此又称为“杏眼”。

小圆眼

这种眼形的比例适中，可是由于眼睛的宽度短小，黑眼珠与眼白露出较少，呈现小圆弧形，因此虽然给人机灵、执着的印象，但相对地也较缺乏神采与魅力。

大圆眼

眼头既宽且高，眼睛呈圆弧形，黑眼珠与眼白露出较多，给人一种明亮有神的感觉。由于圆圆、大大的眼睛看起来像荔枝一样，所以也有人称这种眼睛为“荔枝眼”。

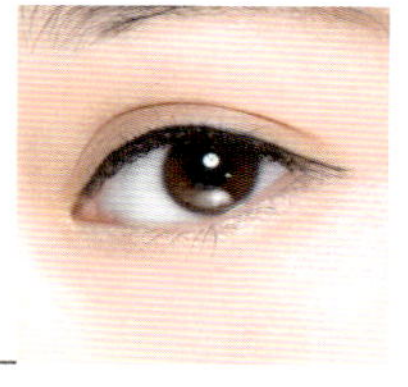

丹凤眼

丹凤眼可说是东方人特有的眼形，最大的特色在于眼头细长，眼尾略高于眼头，黑眼珠与眼白露出的比例适中，上眼睑皮肤通常较薄，富有浓浓东方色彩的漂亮眼形。

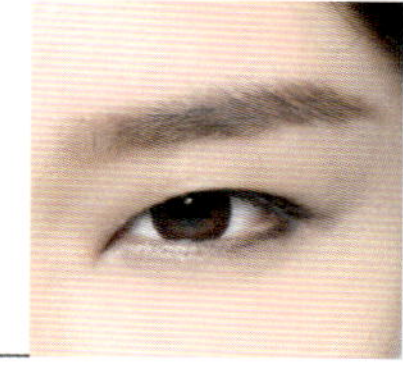

眯眯眼

眯眯眼为丹凤眼的缩小版，因为眼头与眼尾都很小的缘故，黑眼珠与眼白大部分都遭到遮盖，除了缺乏大眼睛的神采与应有的魅力之外，也容易给人两眼无神的错觉。

上斜眼

最大的特色在于眼尾高于眼头，眼睛轴线向外上方的倾斜度较丹凤眼高，呈现上扬的形状。看起来虽然聪明机灵，却也因为目光锐利的关系，容易给人冷淡、犀利的印象。

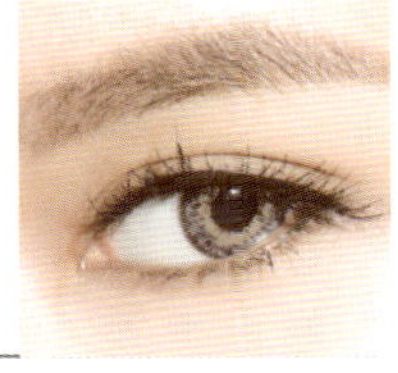

下垂眼

下垂眼形的特征与上斜眼形相反，由于眼头高于眼尾，眼睛轴线向下倾斜，使得眼尾呈现八字状。有些人看起来很可爱，有些让人感觉忧郁，还有些则容易略显老态。

三角眼

三角眼由于上眼睑皮肤外侧松弛下垂，眼尾的地方被遮盖住，使得眼睛近似三角形。这种眼形以中老年人居多，天生的三角眼则非常少见。

凹窝眼

此种眼形以西方人比较常见，最大的特征是上眼睑凹陷，年轻时看起来略为成熟，中老年后则略显疲态，看起来十分憔悴。此外，凹窝眼形亦可称为“眼窝凹陷”。

泡泡眼

泡泡眼的眼睑皮肤较为肥厚，由于眼窝脂肪的关系，所以较不具立体感，经常给人不灵活、反应慢、精神不佳的感觉。

1-3 基本眼形

life is a journey with problems to solve, lessons to learn, but most of all, experiences to enjoy.

基础打底

基础的打底与遮瑕有调整肤色与提亮皮肤的功能，不仅可以让气色看起来比较好，也能够让后续的上妆效果更加服帖。

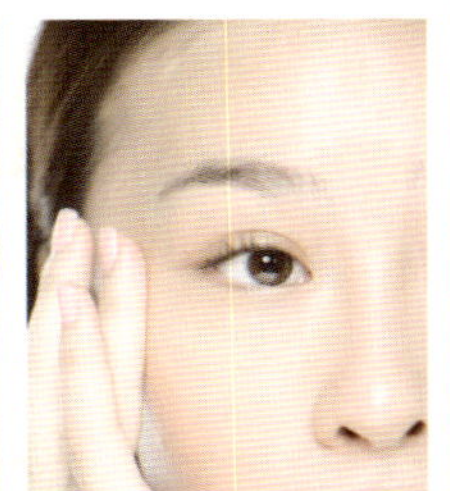

HOW TO MAKE

1 / **保湿打底** 以少量的眼霜均匀在眼下点三点，用无名指指腹从眼头往眼尾推匀，并将手上剩余的乳液带过上眼皮。

2 / **拉提眼尾** 涂抹完后，利用无名指腹在眼尾稍微拉提一下，可让眼睛不下垂有精神。

3 / **先橘色遮瑕黑眼圈** 先用少量橘色遮瑕膏涂抹在眼下，用手指腹轻拍均匀。

4 / **泪沟遮瑕** 小笔刷蘸取颜色再浅一点的遮瑕膏，涂抹在眼角下方的三角区，以放射线状刷开，如有不均匀处再用手指轻拍即可。

5 / **蜜粉定妆** 以浅色蜜粉（容易出油的人选粉饼），在刚刚遮瑕处轻拍完成定妆。

双眼皮

天生丽质的标准眼形美女虽有着先天上的优势，但是后天如果没有做好基础的打底、遮瑕工作，一双与生俱来的美丽电眼，也有可能黯然无光，失去应有的自信与光彩。

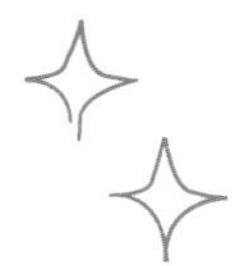

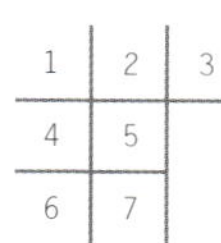

HOW TO MAKE

1 / **定妆** 肤色眼影调整眼睛轮廓，以近肤色的眼影，大面积涂抹于上眼皮，不要超过眼窝，可调整眼皮肤色，更可让眼窝有自然深邃轮廓。

2 / **夹翘睫毛** 睫毛夹放入睫毛根部，夹一下、往上提、放开，往前一点再夹一下、往上提、放开，如此重复到睫毛尾端。

3 / **画内眼线** 一只手拉着眼皮，另一手以眼线笔画内眼线。

4 / **填补睫毛空隙** 利用眼线液的尖端，将睫毛与睫毛间白白的空隙填满。

5 / **刷睫毛膏** 睫毛膏从睫毛根部开始往上刷过，重复三次。

6 / **刷上腮红** 从笑肌中央开始，以画同心圆的方式刷上腮红，加强气色。

7 / **涂抹唇蜜** 选择具透明感的唇蜜涂抹，维持原有的唇色。

小圆眼

小小圆圆的眼睛看似可爱，但在全脸的比例上分量似乎又略显不足。因此，想让小圆眼美女的眼睛变成美丽动人的长眼，就必须从增加眼睛的高度与宽度开始改善。

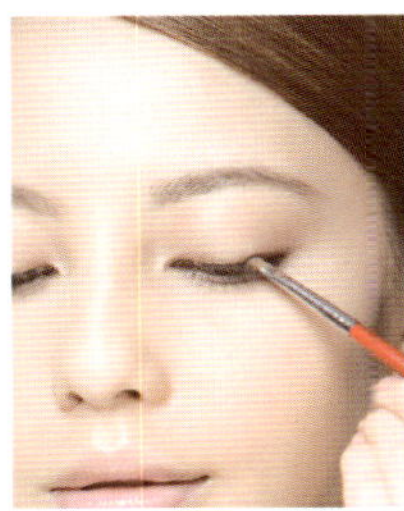

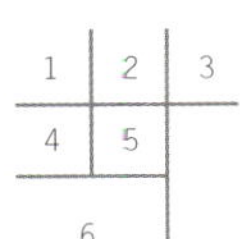

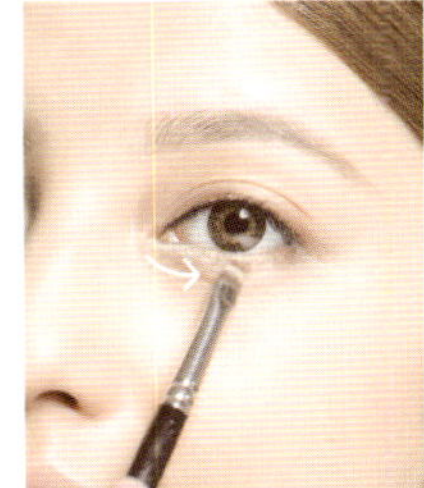

HOW TO MAKE

1 / **眼窝用裸茶色** 用具光感的裸茶色眼影，从眼皮中央开始往两侧大面积涂抹在整个眼窝上，裸茶色可以让眼窝更具深邃轮廓。
2 / **睫毛根部杏咖啡色** 用小支笔刷蘸取杏咖啡色，沿着睫毛根部，从眼头往眼尾描绘，利用深色让眼睛形状往内缩，圆眼形自然不明显。
3 / **黑色眼线笔轻点** 黑色眼线笔从睫毛根部的空隙，以往上轻点的方式描绘。
4 / **深咖啡色晕染眼尾根部** 深咖啡色眼影从眼尾往前晕染到黑眼珠外围的倒三角区，接着将眼尾往后平拉长。
5 / **浅可可色描绘下眼头** 用浅可可色的眼影，从眼头描绘到眼中，并在黑眼珠的正下方加强晕染，让眼睛更立体。
6 / **垂直刷腮红** 选择刷毛松散的笔刷，在笑肌的倒三角区，以垂直的方向轻刷浅色腮红，创造出肌肤的透光感。

if a drop of water falls
in lake there is no identity.
but if it falls on a leaf of lotus it shine
like a pearl. so choose the best place
where you would shine.

大圆眼

大圆眼固然漂亮，但最大的问题就是大而无神！由于这种眼形的人黑眼珠较小，导致上面的内眼白较多，因此只要善用内眼线，大圆眼美女也可以画出一双漂亮的自信电眼。

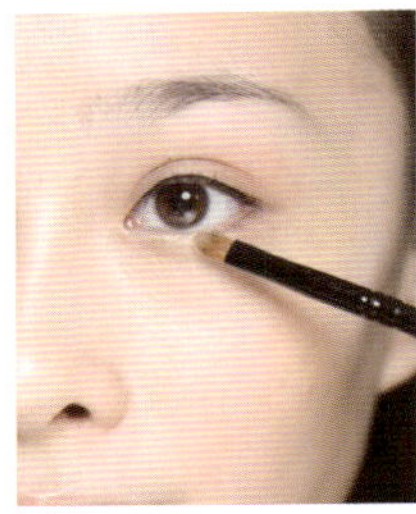
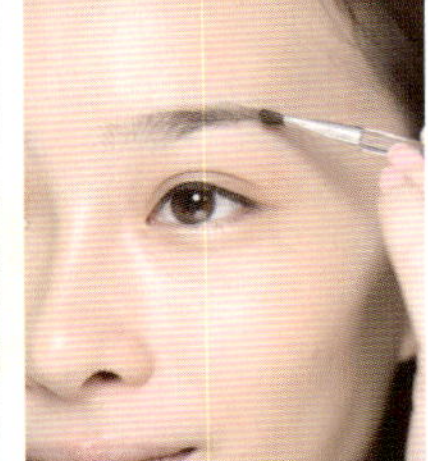

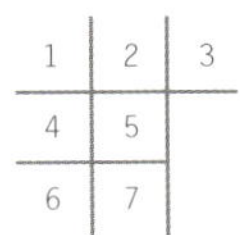

HOW TO MAKE

1 / **霜状眼影打底** 选择带有细致珠光的浅色霜状眼影，用手指腹蘸取后从眼中开始往两侧涂抹，不超过眼窝，增加眼皮光泽度。

2 / **眼褶大地色眼影** 用大地色眼影，从睫毛根部开始，由眼尾往眼头，由下往上晕染，越往上颜色越浅，可超出眼褶一点点。

3 / **描绘眼线** 沿着睫毛根部描绘细眼线，画到眼尾时将眼线往后微拉，将眼形往后拉长。

4 / **米金色描绘下眼头** 用少量米金色眼影，从下眼头开始往后描绘，到黑眼珠的下方开始颜色渐淡。

5 / **眉粉晕染眉形** 眉粉顺着原本的眉形晕染，眉头颜色最浅。

6 / **放射状腮红** 以笑肌为起点，大面积放射状地刷上珠光蜜桃色腮红，让肌肤有透亮感。

7 / **蜜糖色唇蜜** 用蜜糖色的唇蜜涂抹双唇，丰润唇形。

what i conceive and believe,
i achieve. the thought i choose
to think and believe right
now are creating my future.

丹凤眼

东方人常见的丹凤眼，最大的特色在于眼睛细长，呈现出浓浓的古典美。因此，在画一些具有现代感的妆容时，最需要注意的就是保留原来的眼神，并让眼睛看起来比原本更有神。

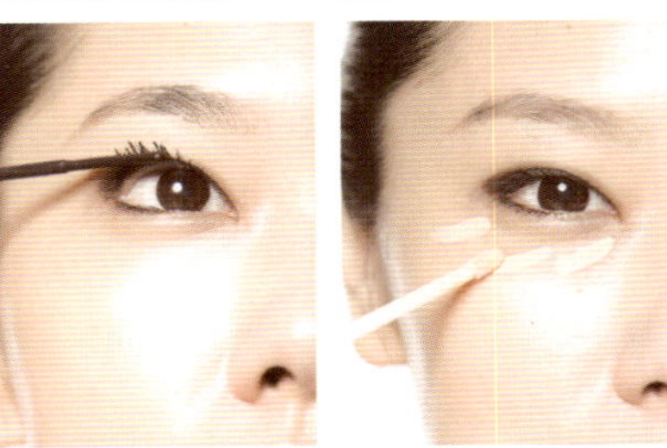

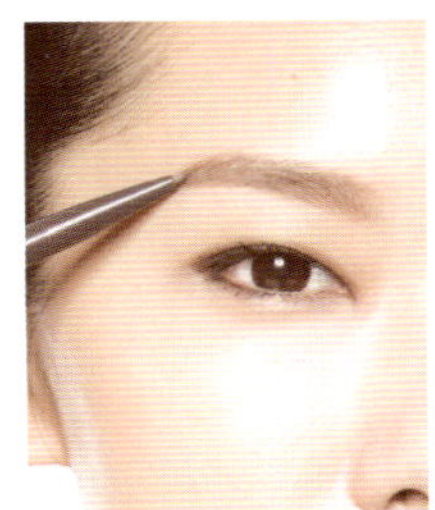

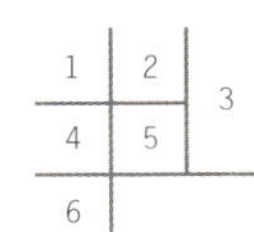

HOW TO MAKE

1 / **先做记号** 眼睛平视镜子，用眼线笔轻点在黑眼珠的上方，眼睛闭起时自然会出现白色空间，记号以下的部分先用眼线画满，利用深色增加眼睛宽度。

2 / **深咖啡色晕染** 用深咖啡色的眼影粉，顺着眼线，从眼中开始，往两侧、往上慢慢晕开，让眼影跟眼线融为一体。

3 / **晕染下眼影** 用最小支的笔刷蘸咖啡色眼影，从下眼尾往前晕染，越往眼头晕的范围渐细，颜色也越淡。

4 / **刷上下睫毛** 刷出浓密的上睫毛，下睫毛明显的人一定要刷下睫毛，可以让眼睛往下放大。

5 / **眼下三点提亮** 先用眼部卸妆液擦拭表面干净，再用液状遮瑕以手指蘸取轻拍打亮。

6 / **眉毛画高一点** 画眉毛时先将眉峰的位置定得比平常高一点点，再描绘眉尾与眉头，这样可拉开眉毛与眼睛的距离。

眯眯眼

眯眯眼美女最大的困扰就是眼睛占脸部比例过小，容易给人缺乏自信与魅力的感觉。因此，如何将无神的眯眯眼改造成明亮动人的圆眼，就成了这类型美女一定要学会的美丽技巧。

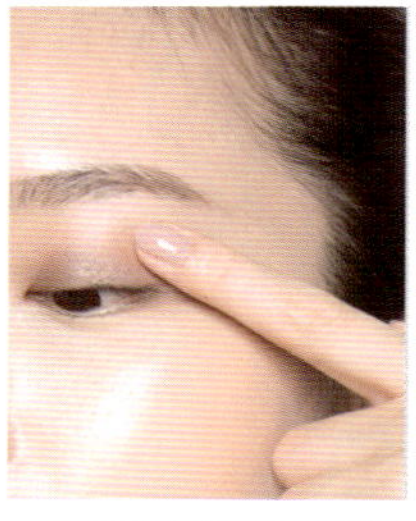

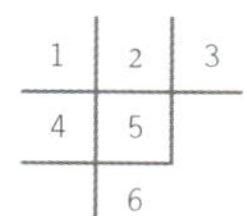

HOW TO MAKE

1 / **米色眼影霜打底** 手指腹蘸取米色眼影霜，大面积地涂抹于眼皮，涂抹的范围到眉下的凹陷处，用浅色增加眼皮的宽度。

2 / **叠上香槟色** 用笔刷蘸取香槟色眼影叠在米色眼影上面，可以避免浅色让眼睛泡泡的。

3 / **咖啡色眼影** 咖啡色眼影沿着上睫毛根部，从眼中往眼头、眼尾涂抹于整个眼褶，再沿着下睫毛根部细细地从眼尾画到眼头。

4 / **画细眼线** 用眼线液的笔尖，从黑眼珠的中上方开始，先往眼尾画细细的眼线，接着再从眼中往眼头画，越细越好。

5 / **直刷睫毛膏** 先刷一次睫毛后，将睫毛膏直拿，加强刷在黑眼珠上方的睫毛，让眼睛变圆变大。

6 / **水感唇膏** 用具水感的唇膏涂抹于双唇，呈现饱满丰唇。

Q 眯眯眼可以用假睫毛吗?

Ans 可以选择自然的交叉款，不要用非常浓密、一片状的假睫毛，这样会将你的眼睛全部盖住，反而会变更小!

Q 眼睛小的人该怎么画出适合的眼妆?

Ans 建议可以画下眼影，利用下眼妆让眼睛往下放大。

先用浅肤色眼影在下眼睑处轻刷打底，再利用金咖啡色眼影叠上加强层次感。接着不妨使用深咖啡色眼影加强眼尾三分之一处。如果有下睫毛者也记得一定要刷上睫毛膏，这样可以有放大眼睛的效果。

How to Make Up
Your Eyes

1-4 特殊眼形

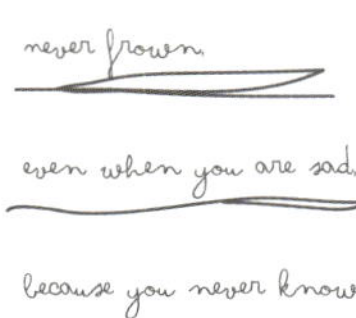

上斜眼

由于上斜眼的美女眼尾过高，总是给人一种过于犀利的感觉。想要改变这种刻板印象，最好的方法就是利用光泽，转移焦点，让眼形看起来更加平易近人。

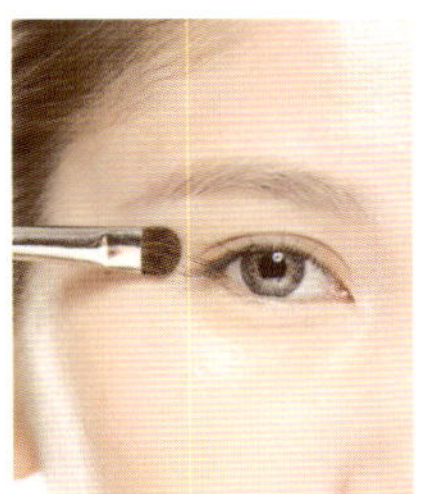

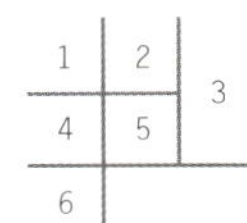

HOW TO MAKE

1 / **眼下凹陷遮瑕** 用比肤色浅一点的遮瑕膏，点在眼头下最凹陷的沟沟里，利用补色的原理将眼形往下扩大。

2 / **淡褐色涂眼窝** 笔刷蘸取淡褐色眼影，从眼头往眼尾平刷整个眼窝，让肤色均匀自然。

3 / **加强眼头到眼中** 用小支笔刷蘸深咖啡色眼影，沿着睫毛根部从眼中往眼头细细地晕染，放大眼头可修饰眼尾的上扬感。

4 / **拉长睫毛** 选用纤长型的睫毛膏将睫毛刷长，根根分明的睫毛可柔和眼神，让上斜眼变得不犀利。

5 / **画平眉** 用眉笔先定出眉峰位置，约在原本眉形的中央，再画出眉毛轮廓，最后用眉粉晕染，不要有角度与线条感。

6 / **上保湿粉底液** 用少量保湿度高的粉底液，从脸中往外推开到脸缘，可修饰颧骨以及眼形的比例。

下垂眼

下垂眼美女总是给人郁郁寡欢的感觉，其实只要利用简单的眼尾修饰，就能够让原本黯淡无光的眼神，立刻转变成会放电的魅眼。

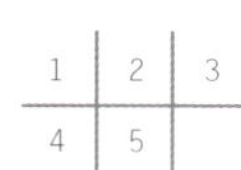

HOW TO MAKE

1 / **提亮眼尾下眼角** 用具有提亮效果的保湿饰底乳，涂抹在眼尾的下眼角，将下垂的眼尾利用光感来拉提。

2 / **画眼尾眼线** 眼线笔削尖，从眼尾沿着睫毛根部往眼头画，眼尾线条粗一点（约3mm的宽度），越往眼头越细。

3 / **深色加强眼尾く字** 用深咖啡色眼影，先从上眼尾往前晕染到眼球外围，再从下眼尾往前晕染到眼球外围，上下眼尾连接起来像一个く字。

4 / **画眼线胶** 用眼线胶从眼头往眼尾描绘，画到黑眼珠上方时，宽度开始加粗，画到眼尾时往上轻勾约30度。

5 / **珠光隔离霜** 用珠光隔离霜，从脸中往外薄薄地涂抹于全脸，利用光感让脸部线条紧实，妆容会有被往上拉的感觉。

do not look at the world

through your head;

look at it through your heart.

三角眼

如果你是属于外国人常见的三角眼，那么就一定要准备双眼皮贴！它不但能够快速、有效地拉提你的眼皮，还可以修饰眼角的轮廓，让你的双眼更加明亮动人。

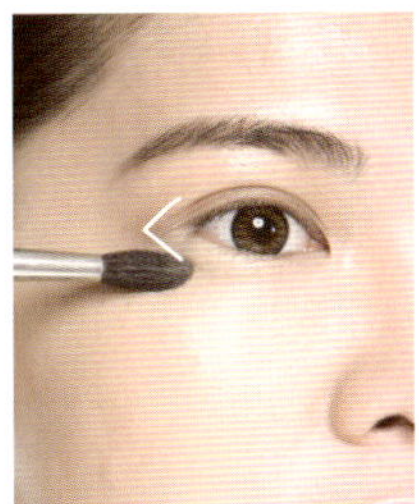

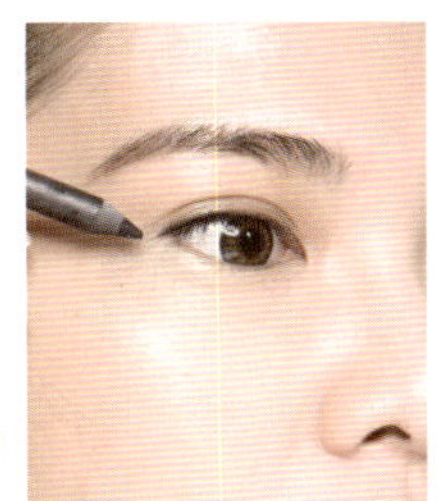

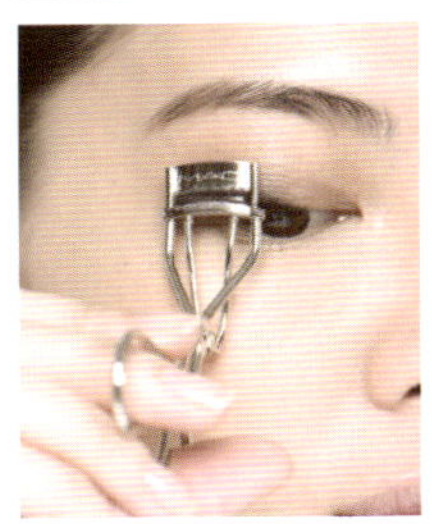

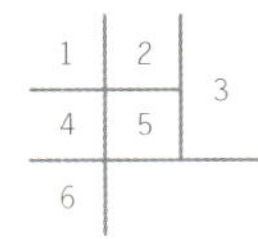

HOW TO MAKE

1 / **眼尾打亮** 用米黄色的遮瑕膏在眼尾的小三角区涂抹，利用光泽使眼下变膨，眼尾自然被往上提高。

2 / **加高眼睛宽度** 从下眼尾45度角往上对到上眼尾轻点一点，眼妆颜色都不能超出这点，以免越画越下垂。

3 / **眼尾半弧形加强** 用小支笔刷蘸取深咖啡色眼影，先从眼头到眼尾细细晕染一次，局部在眼尾以画半圆弧形的方式加强，避开线条感。

4 / **夹翘眼尾睫毛** 以局部睫毛夹在眼尾睫毛多夹几次，让下垂睫毛全部往上翘。

5 / **直刷睫毛膏** 睫毛膏直拿，利用顶端轻点睫毛的根部，再刷过全部睫毛，底部沾染的分量多，睫毛就不会往下掉。

6 / **加强唇中光泽** 月具水感的裸唇膏加强唇中的光泽度，将视线集中在脸中央，也能修饰三角眼。

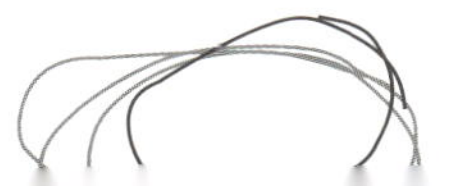

凹窝眼

上眼睑凹陷看起来较为憔悴，且容易产生黑眼圈。因此，画眼妆时最重要的就是要将凹陷处提亮，再加强眼神，如此一来就能让你的双眸恢复神采。

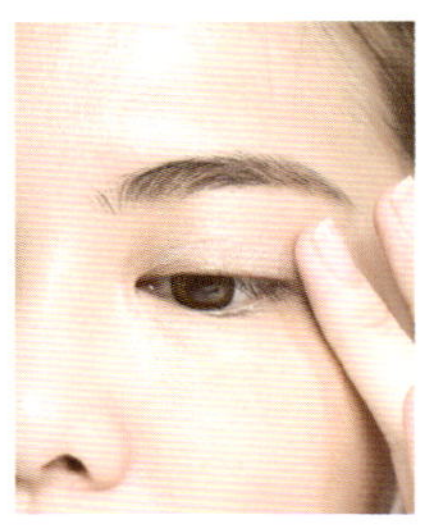

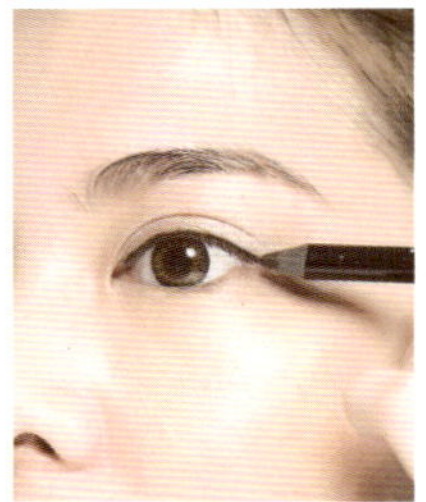

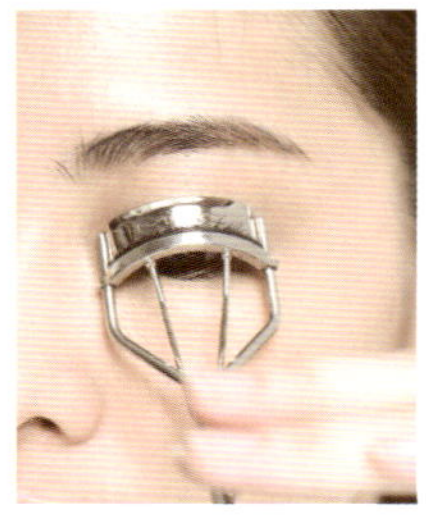

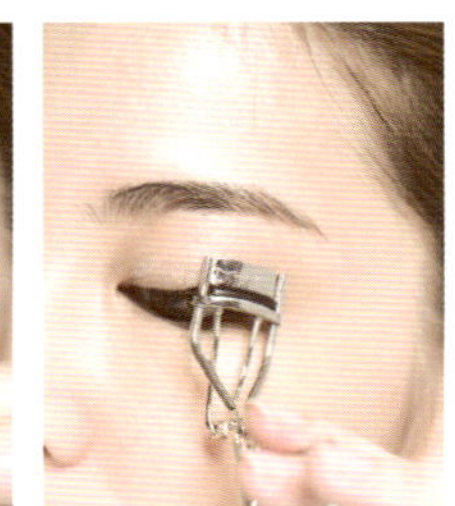

HOW TO MAKE

1 / **珍珠光打底** 用带有珍珠光感的眼影，以手指腹蘸取后，从眼中开始往两侧大面积地涂抹于眼皮，利用光感增加凹眼窝的膨度。

2 / **加强眼尾内眼线** 用黑色眼线笔，从眼头往后描绘内眼线，画到眼尾时将线条往外加粗一点，扩大眼尾宽度。

3 / **分段式夹睫毛** 三段式夹睫毛，先从睫毛根部开始夹并往上拉，接着将睫毛夹移到中央夹起并稍微往上拉，最后移到尾端一边夹一边往上拉，创造飞翘的睫毛。

4 / **夹翘眼尾睫毛** 用局部睫毛夹，加强夹翘眼尾的睫毛。

5 / **睫毛刷浓** 先刷过一次睫毛后，再加强刷眼中到眼尾的睫毛，当睫毛变得浓密有分量，眼睛看起来自然有精神。

6 / **局部C打亮** 用带有细致珠光的蜜粉在T字部位与眼周外C（眉毛尾端经过太阳穴到眼尾下端形成一个C字）轻轻刷过，增加眼周轮廓的立体度。

7 / **倒三角形修容** 蘸取金棕色修容，从耳朵上方开始往颧骨突起的方向轻刷，完成具透明感的小脸修容。

1	2	3	4
5	6		
7			

泡泡眼

泡泡眼属于眼睛侧面看起来较浮肿的类型，所以不妨利用眼妆的颜色来调整，巧妙运用颜色搭配就可以营造出不同的妆感。

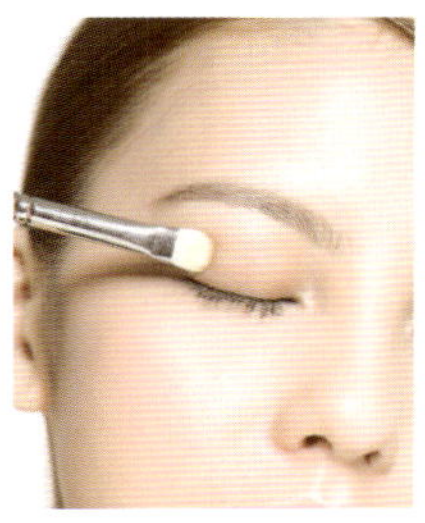

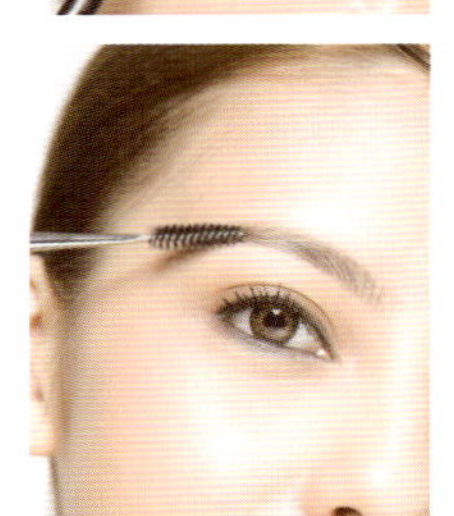

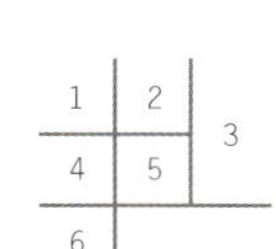

HOW TO MAKE

1 / **眼窝晕灰褐色** 泡泡眼最严重的眼窝处，用深一号的灰褐色，大面积地晕染在整个眼窝处，让眼睛往内收缩。

2 / **画粗眼线** 用黑色眼线在睫毛的根部画约5mm的粗眼线。

3 / **晕开眼线** 用小支眼影棒蘸取少量的雾黑色眼影，顺着眼线，以横向左右来回涂抹的方式晕开眼线，让黑色眼线变成自然的眼影层次。

4 / **涂抹下眼影** 用灰褐色眼影，从黑眼球的下方开始涂抹，越往下眼头与下眼尾颜色越浅。

5 / **睫毛刷浓** 上下睫毛都要刷出浓密具分量的睫毛。

6 / **眉尾加粗** 画眉毛时将眉尾的线条稍微加粗一点，视觉上也可避免泡泡眼的浮肿感。

1-5 眼部的清洁与保养

卸妆决定你的电眼魅力！
别以为光靠化妆就可以让眼睛变得迷人，正确地卸妆，避免拉扯出眼周细纹，眼周的底妆再也不卡粉，彻底地清洁还能防止眼影的色素沉淀，免得眼周肌肤黯沉越来越严重，无法画轻透光感的晶亮眼，因此别再懒惰，每天多花3到5分钟仔细卸除眼妆吧！

HOW TO MAKE

STEF 1 / 卸妆前请准备好化妆棉、眼唇卸妆液，先将眼唇卸妆液倒在化妆棉上，沾湿的化妆棉直接覆盖住整个眼睛，湿肤约1分钟后，假睫毛会自动松开，这时用手轻轻将假睫毛取下来，如果无法很轻松撕下的话，就请再湿肤30秒。

STEP 2 / 取下假睫毛后，将化妆棉对折，从眼头到眼尾的方向，重复擦拭眼周残留的胶与眼妆，大面积擦拭干净后，再将化妆棉对折更小块，利用化妆棉的四角，擦拭眼头、眼尾残留的眼妆，最后用棉花棒蘸取眼唇卸妆液，轻擦拭睫毛与根部即可。

STEP 3 / 别忘了卸除眼妆后，唇妆也要以先湿肤再轻擦的方式卸妆，之后再用卸妆油（乳）与洗面乳分别清洁一次，让彩妆彻底离开你的脸！

Q 如何让遮瑕膏看起来薄透?

Ans 很多人遮完黑眼圈与泪沟后，眼下常呈现厚重的白色痕迹，这主要是因为保湿度不足，不妨在遮瑕膏中加上些许眼霜混合使用。

Q 为什么画完眼妆后，反而觉得黑眼圈更严重了?

Ans 浓度较高的眼妆通常会让黑眼圈变得更明显，此时不妨用米白色的蜜粉在眼下轻刷打亮即可。

Q 为什么画完眼妆后，双眼皮却不见了?

Ans 双眼皮褶内尽量避免使用较深的颜色，面积也不能过宽：眼线的部分则是画得越细越好。

Q 双眼皮只能画娃娃眼吗?

Ans 双眼皮可以画的彩妆种类相当多，包括烟熏妆、眼尾拉长人鱼妆、上下全框式、黑色朋克妆等都很适合双眼皮女生!

Q 如何画出水汪汪的圆眼？

Ans 加强黑眼珠上方的眼线，并运用带有珠光的眼影，轻点在眼球上方的位置。

Q 丹凤眼好像容易越画越浓？

Ans 丹凤眼的人很容易不小心将眼影晕太重，记得一定要先做记号（请参考P.25），这样眼影画在记号的里面，就能完成刚刚好的眼妆。

Q 单眼皮可用粉红色眼影吗？

Ans 粉红色属于膨胀色，如具想要展现甜美的眼妆，不妨利用带有红色的咖啡色眼影。粉红色则尽量运用在双颊或唇彩上。

Q 下垂眼一定要修饰吗？

Ans 如果你是天生的娃娃脸，其实下垂眼反而会帮你加分！只要将眼线顺着眼尾画到底再往上拉长，就会有狗狗般的无辜天真眼形。

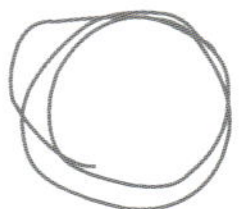

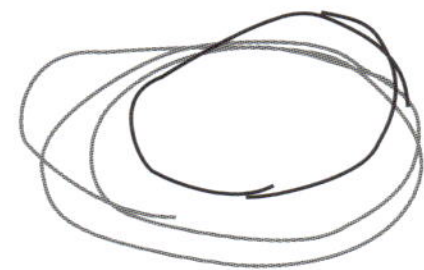

Q 眼睛太凹是不是就不能画出年轻感?

Ans 建议你将太凹的部分先用米黄色的遮瑕膏提亮，并用带有珠光接近肤色的眼影打底，这样便可改善凹陷的困扰。

Q 眼睛泡泡的像金鱼眼该怎么修饰?

Ans 避免使用含有珠光和大颗晶钻粒子的产品，建议可以使用雾面的眼影，这样看起来会比较有收缩眼皮的效果。

Q 水肿眼该如何急救?

Ans 上妆前利用冰毛巾湿敷3分钟，接着可按摩眼头的睛明穴、眼睛正下方的四白穴，以及眼尾的太阳穴，促进眼部血液循环、加快水肿消除。

never frown,

even when you are sad,

because you never know

who is falling in love with your smile.

Q 大小眼该怎么上妆?

Ans 双眼皮贴可以帮助你将眼睛放大。记得化妆时从眼睛较小的那一边开始画起，接下来大眼睛的那一边就可以配合小眼睛来做调整。

Q 眼部的保养应该要注意什么?

Ans 擦保养品时请顺同一方向涂抹，千万不可来回拉扯眼周肌肤，这样不仅容易造成皮肤松弛，也会产生细纹变多的困扰。如果可以，请养成早晚都要擦眼霜的习惯。

眼线加持！人人都可当正韩妞

想要拥有完美的韩系眼妆表现，眼线的画法与眼影的晕法是关键！

2-1 眼线的种类介绍

眼线笔、眼线胶、眼线液，傻傻分不清楚？到底该如何选择呢？
眼线笔虽然不像眼线液般的利落，却可创造出完美的晕染效果。利用眼线胶或眼线笔则可轻松描绘出细致的线条，打造吸睛度100%的魅力双眸！

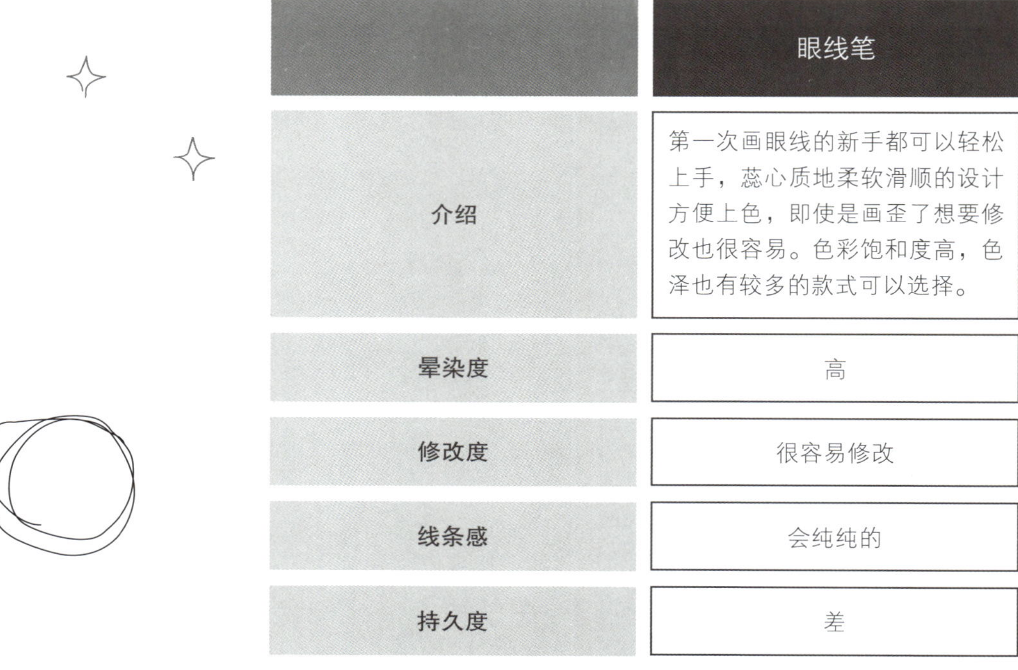

	眼线笔
介绍	第一次画眼线的新手都可以轻松上手，蕊心质地柔软滑顺的设计方便上色，即使是画歪了想要修改也很容易。色彩饱和度高，色泽也有较多的款式可以选择。
晕染度	高
修改度	很容易修改
线条感	会钝钝的
持久度	差

Smokey Eye Kajal Liner 随身烟熏笔 双头设计，由质地柔润且饱和显色的眼线配方，搭配随附的晕染海绵棒，只要利用深邃眼线来配合多变的造型，无论是低调均匀的细腻日妆，或是性感的烟熏夜妆，都能轻松上手。

迪奥彩妆大师眼线笔 结合了眼线液的流畅与眼线笔的精准，以及不断水的便利设计，笔触滑顺、舒适，精准描绘出粗细线条，加上不晕染且温水可卸的特色，让你无论何时都能轻松打造深邃的魅力眼线。

Easy Step-by-Step Techniques for Eye Makeup

眼线胶	眼线液
结合眼线笔与眼线液优点的产品，眼线胶比眼线液看起来线条较为柔和，也能弥补眼线笔易分叉、掉色的缺点，创造出更明显的眼妆线条感。	拥有防水、防晕染的设计，持妆效果度最好。虽然上色效果最佳，但修改起来较为不易。不过对于想要制造大眼感，以及加强眼尾的眼线长度有很好的效果。
低	中
很容易修改	不容易修改
直顺好画	较利落
中等	最佳

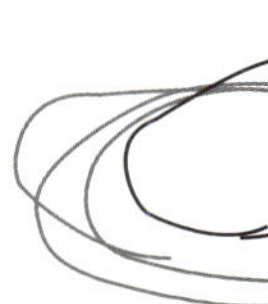

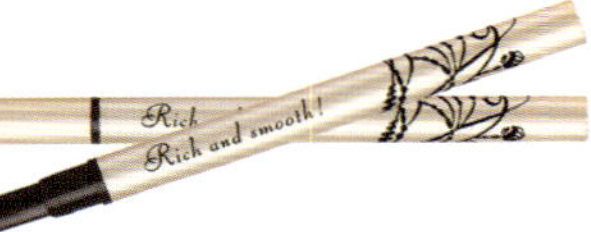

INTEGRATE 绝色魅瘾甜美色线浓密笔型眼线胶 添加固态凝胶配方，以轻松描绘的笔型眼线，实现胶状触感并能画出延展性极佳的线条。

资生堂时尚色绘尚质速干眼线液 防水、防汗、防油质，以及持久不晕染的设计，自然呈现深邃具有光泽感的眼眸，并让眼睛看起来更立体有神。

what i conceive and believe.

i achieve. the thought i choose

to think and believe right

now are creating my future.

2–2 强调眼线画法的基本功

双眼皮

双眼皮的女生若是再加上眼线和睫毛膏这两项利器来辅助，整个人的眼睛就会更加耀眼，眼神也会变得更加炯炯有神！

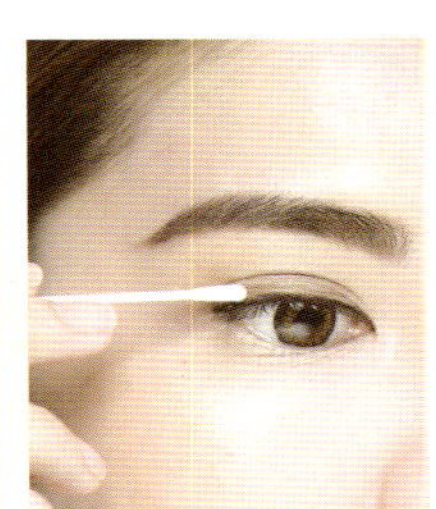

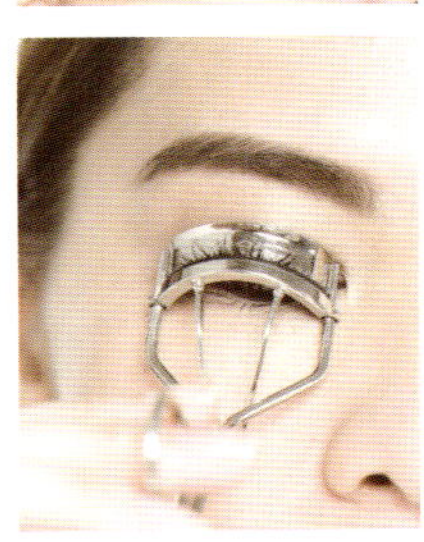

1	2	3
4	5	
6		

HOW TO MAKE

1 / **描绘睫毛根部** 先用黑色眼线笔从眼尾开始，每次画一小段，沿着睫毛根部往眼头一段段描绘，当作接下来眼线胶的基准。

2 / **棉花棒修饰** 针对画得过粗或是过浓，以及不工整的线条，直接利用棉花棒轻轻调整。

3 / **描绘眼形** 接着用较明显且效果持久的深色眼线胶，从眼头的睫毛根部开始纽细地描绘，画到眼球上方时开始加粗到眼尾。

4 / **夹翘睫毛** 睫毛夹分三段（睫毛根部、中间、睫毛尾端）夹翘。

5 / **直刷睫毛** 将睫毛膏直拿，利用睫毛膏的尾端以往上直线拉提的方式，把每根睫毛拉长，创造洋娃娃般效果。

6 / **刷浅肤色蜜粉** 在眼下到太阳穴处刷上浅肤色的蜜粉，提亮眼下肌肤，眼睛轮廓会更自然且明显。

大圆眼

大圆眼的女生若是想要摆脱可爱，变得成熟性感一点，不妨利用平拉式的眼线来加强眼妆的效果！

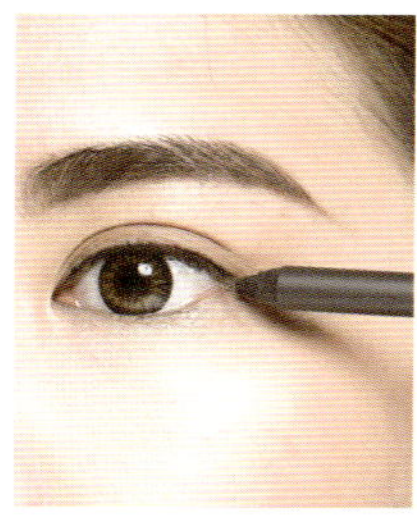

1	2	3
4	5	
6		

1 / **眼线笔打底** 先利用眼线笔，沿着睫毛的根部，从眼头往眼尾，将内眼线与外眼线都细细地描绘一次。

2 / **加强眼头眼尾** 用眼线液先从头到尾细细地描绘，接着局部加强眼头，从眼角开始画到眼白中央，眼尾则从黑眼珠外围开始往后描绘。

3 / **眼尾平拉** 画到眼尾时，将眼线平行拉长，加强眼睛的长度。

4 / **米金色眼影** 在整个眼皮上涂抹米金色的眼影，利用光线折射的原理，让眼皮散发透亮光泽。

5 / **平压深色眼影** 以棉棒或是小笔刷，蘸取少量的深色眼影，从眼尾往眼头轻压在刚刚画过眼线的线条边际上，柔和线条。

6 / **重复刷睫毛膏** 重复刷上浓密型的睫毛膏，尤其眼头与眼尾要特别加强刷拭。

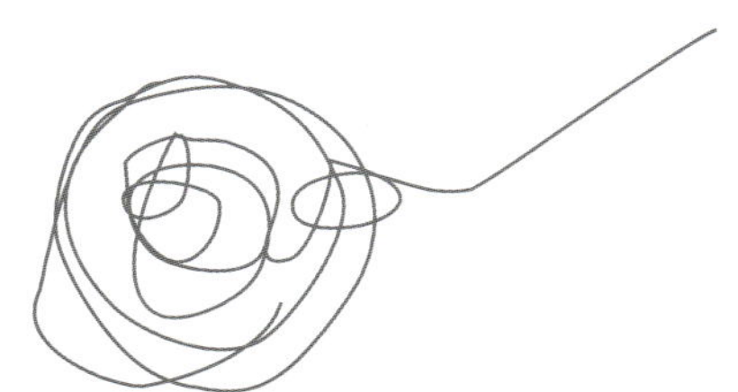

内双泡泡眼

巧妙运用眼线和眼影的搭配使用，就可以掩饰原本浮肿的泡泡眼。

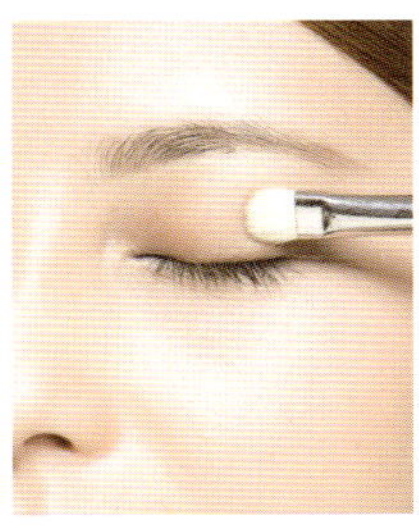

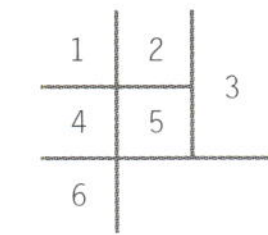

HOW TO MAKE

1 / **画半圆形眼影** 眼睛往下看露出整个眼皮，用中间色的眼影刷，从黑眼珠突出处开始往眼头和眼尾画一个半圆形，接着再将中央加粗一点点，范围约0.5cm。

2 / **晕开界线** 利用有弹性的笔刷沿着半圆形的界线来回轻刷，模糊线条感。

3 / **晕开半圆形眼影** 用小笔刷蘸取雾面的深色眼影，先从眼头到眼尾轻压睫毛根部，让深色与中间色的半圆形眼影自然融合，最后再轻轻刷过让眼影变得均匀。

4 / **眼窝用浅咖啡色** 挑选雾面的大地色系眼影，在眉毛下方、黑眼球上的凹陷处，从中央开始往前后轻轻描绘，创造出眼窝的自然凹陷感。

5 / **刷出浓密睫毛** 用睫毛膏以Z字型刷法，每次刷时都在根部稍微停留5秒钟再往上Z字刷过，让睫毛根部看起来黝黑，有内眼线般深邃效果。

6 / **打钩形腮红** 蘸取浅橘色腮红，从笑肌顶点的下方开始，往颧骨的方向，像打钩钩一样，重复刷上腮红。

单眼皮

单眼皮的女生若想要摆脱锐利、难以亲近的距离感，只要利用眼线和眼影，就可以让单眼皮创造出双眼皮的效果！

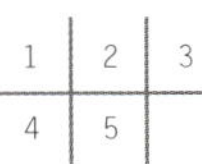

HOW TO MAKE

1 / **描绘眼线** 先用眼线笔沿着睫毛根部，从眼头往眼尾勾勒出线条感。

2 / **调整眼线粗细** 接着换眼线液，从眼头最细→前方眼白渐粗→眼中最粗→后方眼白渐细→眼尾稍细的方式描绘眼线的粗细，最粗可以到0.5mm。

3 / **眼影柔化线条感** 蘸取深色眼影，沿着眼线的边际轻轻刷过，柔化线条感，同时还可以定妆，避免眼线晕开。

4 / **棉花棒修饰** 眼睛平视镜子，如果有没画好的黑色眼线，直接用棉花棒擦掉即可。

5 / **眉峰平拉** 画眉峰时不要有角度，也不要往下垂，以往下30度的方向先画出眉尾，再将眉头到眉峰填满，拉出眉眼间的距离，会让眼神看起来更柔和。

下垂眼

利用眼线重新拉出眼形的位置，只要先制造出眼尾上扬的感觉，再搭配眉尾的画法，就可以摆脱下垂眼的困扰了！

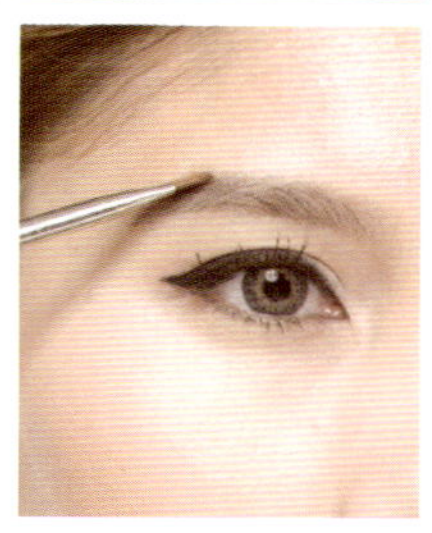

1 / **眼尾位置** 下垂眼的眼尾结束位置并非眼角，而是从眼角上面一点点开始往后拉出眼尾的上扬眼线。

2 / **眼尾描绘倒三角形** 眼尾的位置画好后，接着用眼线笔在眼尾1/3处加粗加高约0.3到0.5cm，再换眼线液从眼尾往眼中一笔描绘，让眼尾形成小小的▽。

3 / **连接眼中到眼头** 接着用眼线液从眼中▽的最上方处开始往眼头画，线条从睫毛根部到眼头只需画内眼线。

4 / **叠深色眼影** 用深色眼影轻压在眼线的上方，模糊线条感。

5 / **提亮眼头眼影** 用带有珍珠光泽的眼影，从眼头开始往后画到黑眼珠的前方达到提亮。

6 / **明显的眉峰** 下垂眼利用眉峰也可以达到将眼尾往上抬的效果，画出明显的眉峰，并将颜色用眉粉加深一些。

7 / **眼下亮金色修容** 用亮金色修容饼加强眼下的apple倒三角区（注：苹果肌上面那块，即眼下的倒三角形处），完成青春洋溢感。

1	2	3	4
5	6		
7			

life is a journey with problems to solve,

lessons to learn, but most

of all, experiences to enjoy.

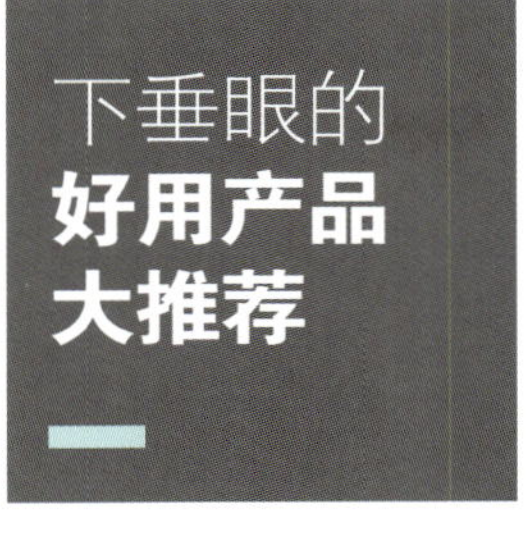

下垂眼的 好用产品大推荐

1

2

3

4

5

1 / **纪梵希魅力深邃烟熏专用笔（暗夜迷情限定版）** 蕴含些微玫瑰粉色光影的独特眼部彩妆笔，特别适合自内眼角勾勒出迷人线条，让眼妆的轮廓更加鲜明。亦可用来描绘眼线后再轻轻晕开，创造出自然的单色轻烟熏效果。

2 / **Kiss Me 花漾美姬华尔兹泪眼防水眼线液笔** 0.1mm的极细笔头，能不手振，轻松描绘睫毛间隙与勾勒眼尾。深度的漆黑，让眼神更锐利，展现超强浓厚的发色度，并有效抗汨、汗、水、皮脂功能，能长效维持长达一天的时间。

3 / **佳丽宝优柜 LUNASOL 晶巧光灿眼盒（丝绒）** 四格眼影分别诠释丝绒的不同质地。“闪亮高明度”像是光线照射丝绒后闪耀的亮采感；“丝绒点缀色”则是丝绒的柔润，增添光泽创造立体感；“深邃主题色”是丝绒本身的面料质感，涂抹于眼皮上，呈现澄净的深邃色彩；最后的“雾面深邃色”就像是阴影下丝绒展露出的雾面感。

4 / **香奈儿眉部彩妆盒** 专为亚洲女性设计，三款和谐色调并附有眉夹、小眉刷、大眉刷等多功能彩妆道具。内含三种不同颜色的眉粉，可单独使用亦可互相搭配使用，让眼部神采更加利落有型。

5 / **肌肤之钥光耀幻妍饼** 以浅棕、裸肤与金色的完美调和，演绎如同地中海暖暖阳光轻抚般的光耀红晕，展现能量满载的耀眼光芒。使用时除了可以当作修容、打亮之外，亦可于完妆后当作全脸定妆蜜粉。

if a drop of water falls
in lake there is no identity.
but if it falls on a leaf of lotus it shine
like a pearl. so choose the best place
where you would shine.

标准下眼线

韩系眼妆的重点，除了上眼线外，下眼线也是另一加分的重点！只要学会了上下眼线的画法，眼妆也就完成一半了！

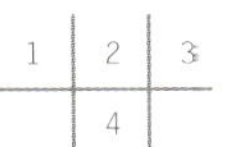

HOW TO MAKE

1 / **眼线笔勾勒** 用咖啡金的眼线笔，从眼尾开始往眼头，沿着下睫毛根部描绘。

2 / **晕出渐层感** 同样用小笔刷，以左右来回轻刷的方式，将下眼线整个往下晕到下眼睑约0.3mm，做出渐层效果。

3 / **加强中间下睫毛** 用细小刷头的睫毛膏，先刷过一次睫毛后，加强黑眼珠下方的下睫毛。

4 / **麦芽糖唇彩** 用带有麦芽糖光泽唇彩，创造丰厚的QQ唇。

进阶下眼线

基本的下眼线主要是以眼线和眼影的搭配，创造出浓而深邃的大眼。进阶下眼线的画法，则需在眼尾处增加饱满的层次感。

HOW TO MAKE

1 / **勾勒下眼线** 先用深色的眼线笔，从下眼尾开始往下眼头描绘出如图的く字型，下眼尾较粗，越往眼头线条越细。

2 / **加强下眼尾** 用小支笔刷蘸取带有珠光的深色眼影，在黑眼珠外围往后的下眼尾，左右来回轻刷，加强眼尾深邃度与层次感。

3 / **晕染线条** 用干净的眼线笔刷，从下眼中往前晕染到下眼头，将眼尾的晶亮感延伸一点点到前方。

4 / **连接上下眼尾** 用眼线液从下眼尾后段约1/4处描绘细致的眼线，与上眼尾的く字处做连接。

5 / **拉长眼线** 眼睛平视镜子，从眼角く字的交接处，斜约15度往后拉长0.5cm，让眼尾的眼线饱满又扎实。

6 / **透明唇蜜** 具有强烈透明感的唇蜜涂擦双唇，降低妆感的浓烈度会比较没有杀气。

1	2	3
4	5	
	6	

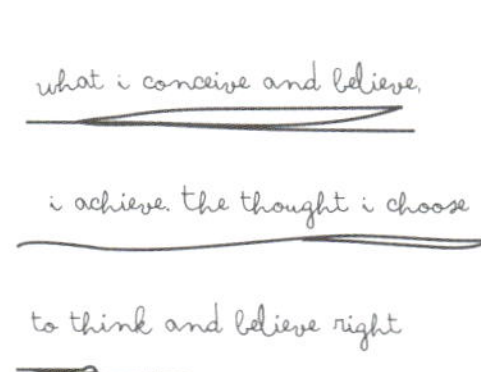

下眼线的Q&A

Q 下眼线要怎么画才不会看起来太凶?

Ans 不要全部画黑，只要局部画在眼尾三分之一处，并与上眼影连接。将眼尾的空隙全部填满，就可以呈现出有气势的妆容，看起来又不会太凶。

Q 下眼线经常会晕开怎么办?

Ans 如果下眼皮经常会被晕得黑黑的，不妨用笔刷蘸取粉饼轻轻地在下眼睑轻扫一层，利用粉末吸附油脂来避免晕妆。

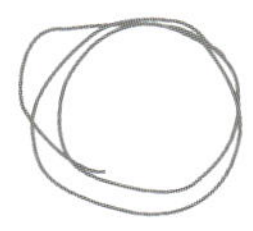

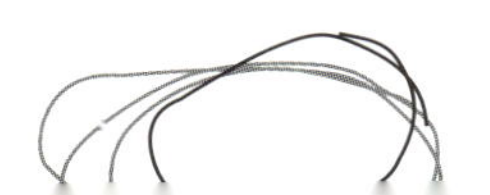

2–3 眼线的变化

全框式

韩系上下眼线融合的入门款非全框式眼线莫属了！眼尾记得一定要创造出飞扬的效果！

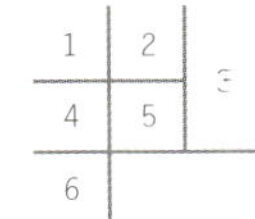

HOW TO MAKE

1 / **填满根部** 用黑色眼线笔，从眼头开始画到眼尾，将睫毛间空隙填满。

2 / **画下眼睑** 接着再用黑色眼线笔，从下眼尾到下眼头，将下眼睑画满。

3 / **眼尾拉长** 从上下眼线的交界处为起点，往后拉长约7mm，技术不好的人可每次画一小笔，边修饰边拉长。

4 / **晕染后眼角** 选择扁平细小的笔刷，来回晕染眼尾拉长的小三角区。

5 / **深褐色眼影** 用带有微亮光泽的深褐色眼影，从拉长的小三角区晕染到眼尾2/3。

6 / **刷睫毛** 选择根根分明的睫毛膏，刷出具束感的上下睫毛。

what i conceive and believe,
i achieve. the thought i choose
to think and believe right
now are creating my future.

猫眼式

眼头眼尾都需要特别加强的猫眼式眼线，主要的重点是从头到尾都需要呈现出利落、流畅的线条感。

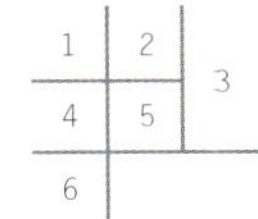

HOW TO MAKE

1 / **勾勒内眼线** 先用眼线笔描绘内眼线，再换黑色眼线液补强，并将睫毛间的空隙填满。

2 / **画下眼线** 用黑色眼线笔从下眼尾开始往眼头方向，由粗到细画下眼线，到黑眼珠外围结束。

3 / **眼尾做拉长** 从上眼尾眼角的交界点开始，往上斜45度画，拉长约7mm。

4 / **眼头拉眼线** 从眼头开始顺着眼形往下斜画约2mm，于下内眼睑前1/4做连接填满，形成眼头的小小三角区。

5 / **黑色眼影** 用带珠光的黑色眼影，从眼头画到眼尾，让线条感变得更流畅。

6 / **眼线液加强** 最后再用黑色眼线液加强眼头、眼尾线条。

神秘摇滚

许多摇滚歌手都会利用画眼线的方式来传达音乐的力量，神秘摇滚式的眼线也较适合穿着有个性的女生来搭配运用。

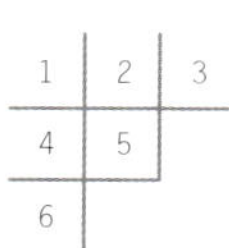

1 / **加粗眼线** 先画内眼线填满睫毛根部后，将黑眼珠上方的眼线加粗加宽。

2 / **眼尾拉长** 眼睛平视镜子，从鼻翼到超出眼角1cm处先画出一条基准线。

3 / **连接眼尾眼线** 接着从基准线往前画下眼线到黑眼珠的外围，如图形成一个小三角形。

4 / **填满小三角** 用不易晕染的眼线胶，填满小三角形。

5 / **再画一次眼线** 同样用眼线胶叠上第二层眼线，线条感会更明显。

6 / **刷睫毛** 选择浓密型的睫毛膏，刷出如假睫毛般具有分量的睫毛。

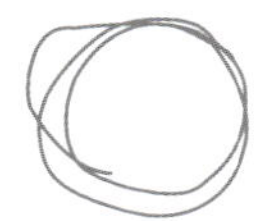
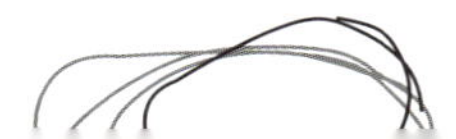

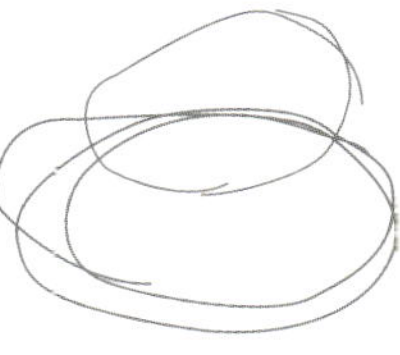

缤纷鲜明

眼线并非全然只有黑色一种选择！配合服装与场合的需求，眼线的颜色也可以有多样的变化！

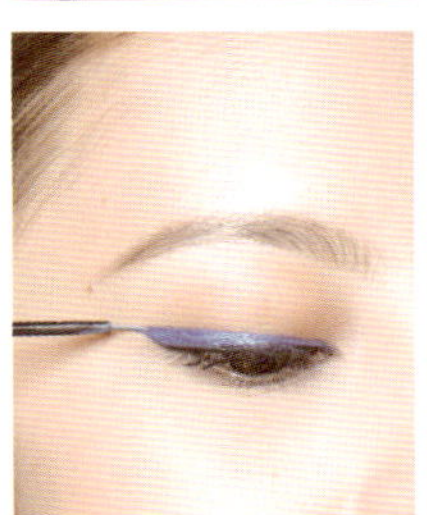

HOW TO MAKE

1 / **填补睫毛根部** 用黑色眼线画内眼线与填补睫毛间的空隙。
2 / **眼窝控油** 先用控油蜜粉在整个眼窝处轻刷，避免颜色晕开。
3 / **彩色眼线** 使用鲜艳的彩色眼线笔　从眼头画到眼尾，线条可以画粗一点。
4 / **叠防水眼线** 用同色系的防水眼线液，直接叠在彩色眼线的上方。
5 / **刷睫毛** 选择纤维浓密的睫毛膏，拉长睫毛创造出纤长的睫毛效果。

1	2	3
4	5	

中性平拉式

平拉式眼线主要着重于眼尾的画法，使用带有珠光效果的眼影来晕染，可以模糊眼线所呈现的僵硬感。

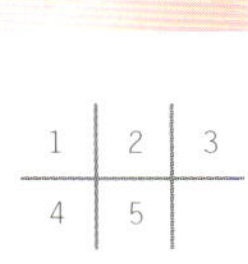

HOW TO MAKE

1 / **描绘上眼线** 先从眼头到眼尾，沿着睫毛根部描绘细致的眼线。
2 / **眼尾平拉** 眼睛平视，眼线从眼头画到眼尾，到眼尾平行往后长约5mm。
3 / **眼睛微往下看** 从眼中开始画，到眼尾时与步骤2的眼线平行往后拉等长。
4 / **黑色眼影** 用带有珠光的黑色眼影，将眼尾上下两条眼线的中央填满。
5 / **柔化眼头眼线** 用带有珠光的浅肤色眼影，将眼头到眼中的线条来回晕染，模糊线条感。

眼线篇

Q 使用眼线笔或眼线液会感到刺激时该怎么办?

Ans 如果你是个不常化妆或是皮肤比较敏感的人，建议每次画眼线时不妨画一小段后先休息一下再画。如果还是觉得不舒服的话，建议你可以利用深黑色的眼影代替眼线，只要用小支的笔刷晕染即可。

Q 柔化眼线的线条只能用笔刷吗?

Ans 专业的笔刷可以晕染得更快速且自然，如果手边没有小支的笔刷，不妨利用棉花棒代替。

Q 眼线的线条无法画得很直顺，甚至有点歪斜时该怎么办?

Ans 画完眼线后，可用小笔刷蘸取颜色最深的眼影，然后顺着眼线的线条画过，这样就可以模糊原本歪斜的线条感了。

Q 眼线到底拉多长才适合？

Ans 以鼻翼45度往上的延伸线为基准，不要超过此延伸线的眼线是最标准的。

Q 为什么眼线总是画不对称？

Ans 基本上如果你是右撇子，左眼比较难画，建议画眼线从左眼开始，再画右眼，根据左边眼线来配合右边即可改善。

Q 如果眼线不小心画超过范围，需要擦掉重画吗？

Ans 用棉花棒蘸取非常少量的粉底液，直接将超出范围的眼线擦掉，接着再拍上蜜粉或粉饼就OK了。

Q 为什么画完眼线，眼睛反而变得更短了？

Ans 眼线如果画太粗会让眼睛变圆，因此眼形看起来就会变短。如果想要制造长眼形的效果，除了眼头到眼中的眼线要画得越细越好外，记得眼尾也要往后拉长，这样才能变成性感的猫眼。

Q 内眼线该怎么画？

Ans 很多人在画内眼线时经常画得不够完整，请遵守以下的两大原则：
（1）画内眼线时，请用一手轻拉眼皮，这样才能将内眼线完整翻出来。
（2）从眼尾往眼头画，如此一来也会比较好上色。

Q 单眼皮还需要画眼线吗？

Ans 建议画内眼线，并用眼线笔轻点睫毛根部的方式，让眼睑处看起来不会白白的，这样也可以加强眼睛的深邃度。

Q **单眼皮的人也可以画出性感眼妆吗？**

Ans 只要将眼尾的黑色眼线与眼影加粗加宽，就可以让眼形看起来变得很迷蒙性感。

Q **没有彩色眼线笔可以用眼影代替吗？**

Ans 只要利用画眼线胶的笔刷，蘸取彩色眼影画出线条感，或是选择干湿两用的眼影，以湿用的方式来使用，颜色就会比较饱和。

Q **画中性眼线时，颜色该如何挑选？**

Ans 咖啡色、黑色、墨绿色、宝蓝色等颜色饱和，且富含个性感的色彩都相当适合。

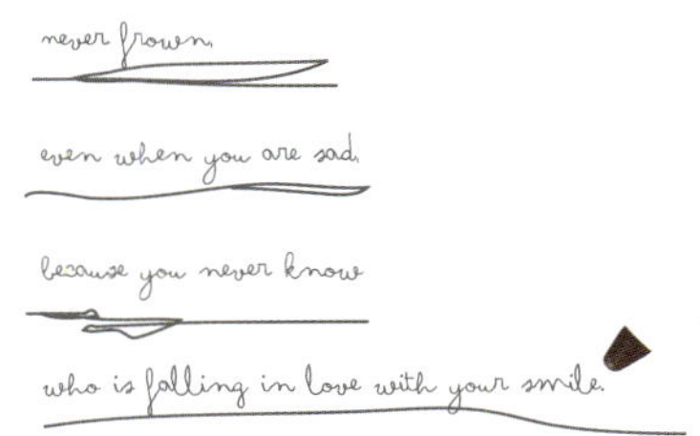

2-4 眼影的种类介绍

眼影除了可以展现出更绚烂的光芒、彰显真实的色彩外，也可有效修饰眼皮的黯沉。选用富含保湿效果乳霜般细致质地的眼影产品，更可将眼彩均匀密着于皮肤上，达到持久亮眼的效果。

	眼影膏	晶钻眼影膏
晕染度	晕染度高。适合当作打底或是块状眼影	晕染度高。适合大面积的打底
发色度	发色度低	含有珠光粒子，发色度较低
光泽感	低	高
持久度	较持久	较持久

资生堂时尚色绘尚质晶漾眼彩霜 传统珍珠剂与反射光宝石粉末两者协同作用，有效修饰眼皮的黯沉，展现出更绚烂的光芒，彰显真实的色彩。富含保湿效果乳霜般细致的质地，均匀密着于皮肤上，并可防止黏性，不产生折痕。

Lunasol 晶巧光灿眼盒(丝绒) 四格眼影分别诠释丝绒的不同质地，“闪亮高明度”像是光线照射丝绒后闪耀的亮采感；“丝绒点缀色”则是丝绒的柔润，增添光泽创造立体感；“深邃主题色”是丝绒本身的面料质感，涂抹于眼皮上，呈现澄净的深邃色彩；最后的“雾面深邃色”就像是阴影下丝绒展露出的雾面感。

what i conceive and believe,

i achieve the thought i choose

to think and believe right

now are creating my future.

雾面眼影	珠光眼影
晕染度低。大面积或小面积晕染都没问题	晕染度中。大面积或小面积晕染都没问题
发色抢眼	发色抢眼
低	中等
一般	一般

RMK 层光眼彩盒 霜状和粉状重叠使用的防水型产品，以同色系叠色使用后能打造出自然的阴影。维持与肌肤的服帖感及持久度，质地柔滑好上色。

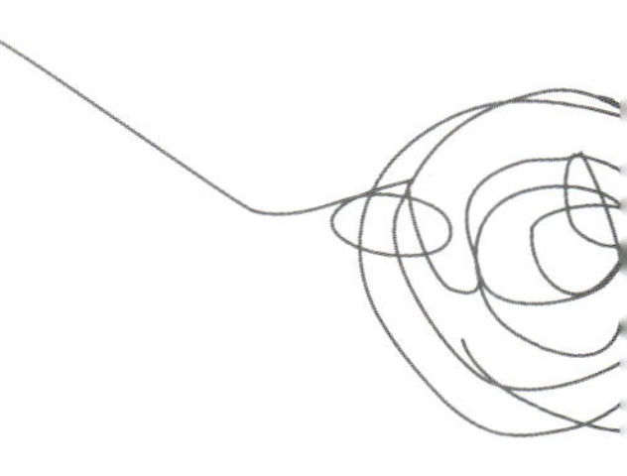

雅诗兰黛纯色晶艳银河光感魅眼影 结合液状、粉末与凝胶特性的三态眼影，依据使用方式不同，可创造出丝缎、珠光和金属三种不同层次的浓度，展现不积线、不掉色的绝佳持妆度。

Easy Step-by
-Step Techniques for
Makeup

2–5 眼影晕染技法

双眼皮

双眼皮的女生因为有眼褶的帮忙，所以只要用同色系的眼影区别出深浅的层次，就可以达到自然的渐层感！

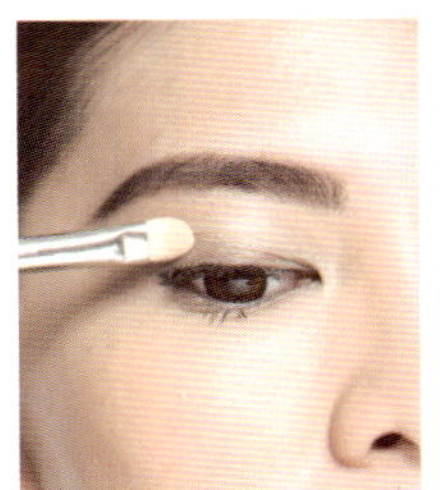

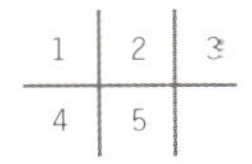

HOW TO MAKE

1 / **眼窝用珠光** 先用浅色的珠光眼影，在黑眼球的凹陷处，来回大面积地刷上，增加眼窝的亮度。

2 / **眼褶用深色** 用深色的眼影，从眼褶的中央开始往后涂抹，再从眼头往后涂抹均匀，呈现眼褶的深邃感。

3 / **画下眼尾** 要让眼形更加立体，下眼尾的描绘很重要！用小支的笔刷，从下眼尾开始往下眼中约1/3处描绘。

4 / **加强睫毛根部** 用烫睫毛器，轻压睫毛根部约5秒钟后放开，再重复一次，加强睫毛根部的支撑力，让睫毛在双眼皮褶中能充分被看见。

5 / **混合四色腮红** 挑选带有四种颜色的腮红盘，混合四色后刷于两颊，增加五官的立体度与肌肤的透亮感，更能衬出眼妆的晕染美。

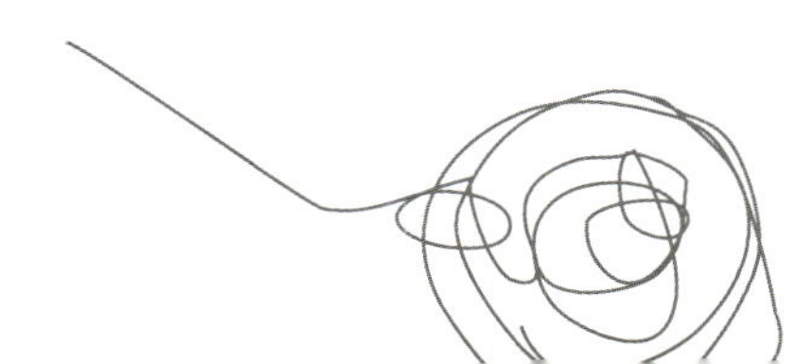

life is a journey with problems to solve, lessons to learn, but most of all, experiences to enjoy.

单眼皮

单眼皮女生主要是利用眼影来增加眼睛上下的高度，但要小心下手太重，晕染的渐层感是重点所在。

HOW TO MAKE

1/ **粉雾眼影打底** 蘸取雾状的中间色眼影大面积地刷在整个眼皮上。
2/ **做记号** 眼睛平视镜子，在眼球上方约0.1cm处，分别在眼中、眼头、眼尾先点一下做记号。
3/ **连接三点** 用墨黑色的眼影，先将三点连接起来形成半圆弧形，接着将半圆弧里面的眼皮全部涂满墨黑色眼影。
4/ **做出渐层感** 用海绵棒或笔刷，从睫毛根部开始，左右来回往上轻刷，让墨黑色眼影有自然的渐层感，千万不要一片黑！
5/ **下眼睑中央加强** 同样用墨黑色在下眼睑的中心点（黑眼珠的正下方）稍微加强描绘一下，呈现有如戴放大片般的大眼效果！
6/ **局部提亮** 用带有细微珍珠光的米金色亮粉，从眼下顺势拉到眼尾的倒C区域，还可以稍微加强一下鼻梁的立体度。

眼影篇

Q 眼影要怎么晕才不会看起来脏脏的?

Ans 首先一定要养成清洗刷具的好习惯，当有干净的笔刷，眼妆自然就干净。另外就是在下手前，不妨先从颜色最深的地方开始，例如，从眼皮最下方黑眼珠的正上方处，或是眼尾最深的地方。

Q 上下眼影的颜色该如何搭配?

Ans 只要选择同色调的眼影就不会出错！冷色调如蓝色、粉红色、紫色，暖色调如咖啡色、绿色、黄色。

Q 眼影可以只用指腹上妆吗?

Ans 可以的。但请记得不同颜色要用不同的指腹，不然眼影的颜色会混浊。

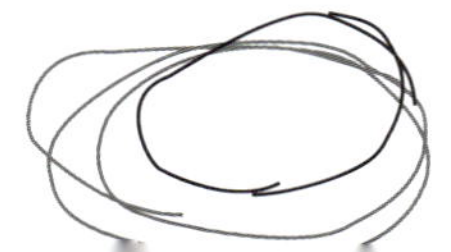

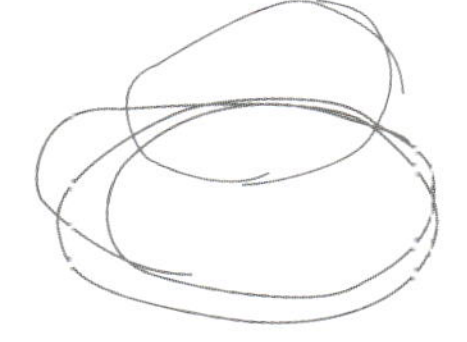

Q 为何我的眼影无法持久？

Ans 如果你是眼皮很容易出油的人，眼影的持久度就相对较差，不妨遵守以下原则：（1）妆前的眼霜改用保湿乳液会比较清爽。（2）不要省略妆前保养，当眼周肌肤过干时，反而会让油脂分泌更旺盛。（3）化完妆后记得用蜜粉轻刷来定妆。（4）养成随时补妆的好习惯。

Q 眼影不小心画超出范围时该怎么办？

Ans 用粉扑蘸取一点点粉底液，轻轻擦掉过多的眼影，再轻拍蜜粉即可。

Q 画下眼妆时常常看起来像嗑药鬼？

Ans 那就是眼睛下方三角区的提亮动作做得不够彻底，打底时要利用遮瑕膏将黑眼圈彻底遮住，并利用打亮笔或是米黄色修容饼打亮眼下三角区。在画完眼妆后，不妨再次利用带有珠光的饰底乳，轻拍眼下加强明亮感。

Q 想要补眼影时该怎么补才好?

Ans 先用蜜粉扑按压掉浮粉与油脂，接着先从深色眼影开始补，再叠上浅色眼影，这样就不会让眼妆变得脏脏的。

Q 粉红色眼影如何画才不会看起来泡泡的?

Ans 记得一定要用浅咖啡色的眼影打底后，再叠上粉红色眼影，或是直接将粉红色眼影局部涂抹在眼尾三分之一处即可。

Q 如何让金色眼影的光泽看起来更闪烁?

Ans 不妨用大颗透明的晶钻眼影轻压一下眼窝中央处，这样就可以让金色眼影看起来更加闪闪发亮。

Q 烟熏妆到底要晕哪儿才不会看起来太凶?

Ans 建议选择大地色系搭配粉红色的烟熏妆，就能改善给人难以亲近的距离感。另外眼线不要拉太长，过长的眼线也会让人觉得有杀气。

Q 如果外出后想换眼影色时该怎么办?

Ans 基本上从淡色换成深色是OK的！例如原本是金棕色就可换成深咖啡色，或是可由原本深咖啡色改成黑色烟熏妆。但如果原本眼妆就很深却想改成粉红色，那就得卸妆重新开始。

睫毛弯弯！电眼美人换我当

不管是天生的睫毛，还是后天的加二，睫毛对于女生的眼妆来说，可是有着加分的显著功效！

3-1 睫毛产品的种类介绍

除了眼线和眼影这两个相辅相成的基本化妆品外，
如何妆点睫毛也成为现在女孩儿进阶眼妆的功课！
刷上睫毛膏或戴上假睫毛，都有放大眼睛和制造深邃感的效果。

基本工具介绍

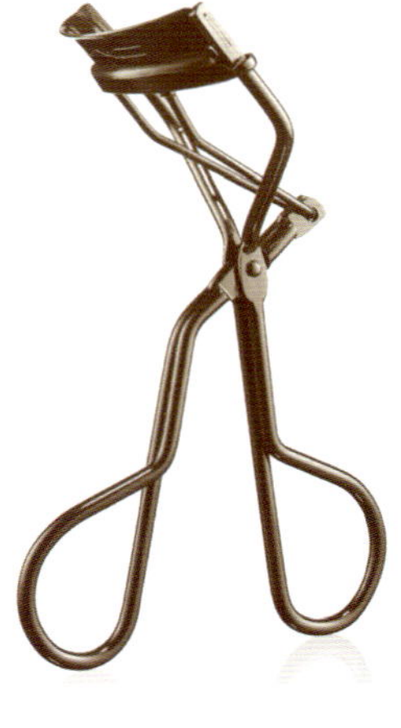

1

2

1 / **睫毛夹** 专为卷翘睫毛而设计的专业睫毛夹。以耐久的不锈钢制成，除了能符合睫毛边缘的形状，达到最高程度的卷翘，独特的橡胶垫，更可温和地创造睫毛的卷翘度。

2 / **睫毛卷翘梳** 只要轻轻向上托起睫毛根部，以螺旋状梳紧贴睫毛，进行充分加热按压约3秒钟，接着再使用自己喜欢的旋转模式按压3秒钟，即可达到轻松卷翘睫毛的效果。

3

4

3 / **睫毛膏** 能让睫毛瞬间加倍增量卷翘的睫毛膏，以弧形拉提刷头及隐形支撑聚合物，瞬间拉提卷翘睫毛并且定型完美弧度，更集结保养精华可帮助睫毛更加强韧健康，减少断裂。

4 / **假睫毛** 假睫毛大致可以分成三大种类，包括交叉型、束感型以及浓密型。搭配场合、服装与妆感，假睫毛所使用的种类也会略有不同。交叉型和浓密型大多需要配合眼睛的形状，束感型则可针对个人的睫毛需求来选择样式。

Beauty and Fashion Secrets for Eyes

3–2 正确的夹睫毛技巧

睫毛夹用法

虽然睫毛夹是让睫毛卷翘的好帮手，但用对方法才能让眼妆效果事半功倍！过于用力地拉扯，或是角度没拿捏好导致眼皮受伤，那可就得不偿失了！

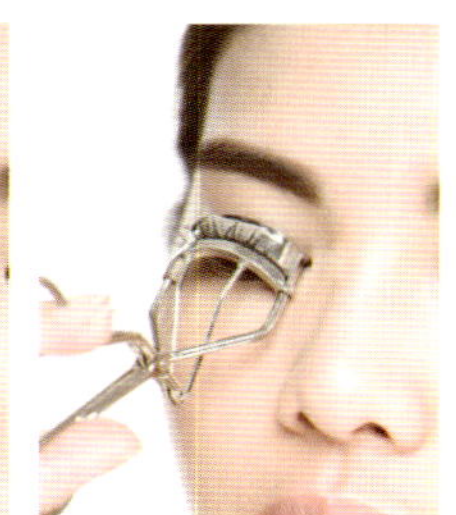

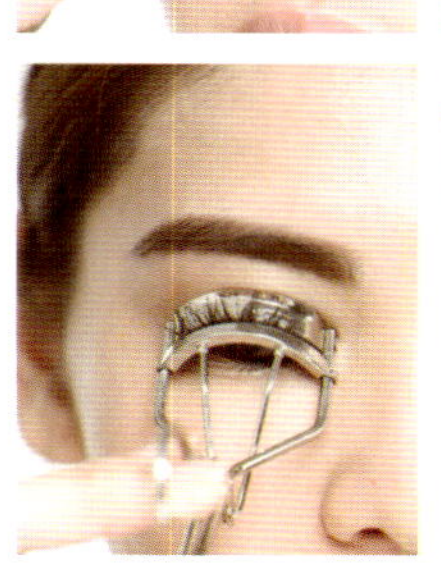

HOW TO MAKE

1 / **深入根部** 将睫毛正正地放入睫毛夹里面，不要歪斜，在距离睫毛根部0.1～0.2cm处夹住睫毛。

2 / **夹放3次** 将夹住睫毛的手慢慢往上提30度，瞄一下镜子，确认没有夹到眼皮，接着用力地夹→放，夹→放，约3到5次。

3 / **小睫毛夹** 眼头眼尾比较不容易夹翘的睫毛，利用小睫毛夹局部加强。

4 / **再夹一次** 最后再用一般的睫毛夹，同样正面放入睫毛根部，再夹一次，让眼头、眼中、眼尾的睫毛卷翘度一致。

3–3 正确的刷睫毛技巧

基础打底

基础的Z字刷法是基本功，也是刷睫毛的主要技巧所在，所以只要勤加练习，刷睫毛功力也就自然更上手!

1	2	3
4		

HOW TO MAKE

1 / **去掉多余睫毛膏** 抽出睫毛膏后，先不要急着刷，在瓶口或用面纸将刷头尖端多余的睫毛膏拭去。

2 / **Z字刷法** 将睫毛膏放在睫毛根部，以Z字型的方式轻刷并往睫毛尾端带过。记得轻轻带过就好，不要刻意让睫毛膏都沾附在根部，会使睫毛因太重而下垂。

3 / **直刷睫毛** 将睫毛膏直拿，利用睫毛膏刷头的尖端轻刷于睫毛尾端。

4 / **重复第二次** 等待第一层睫毛膏半干后，再重新先刷Z字型睫毛与直刷睫毛尾端，使睫毛更加浓密。

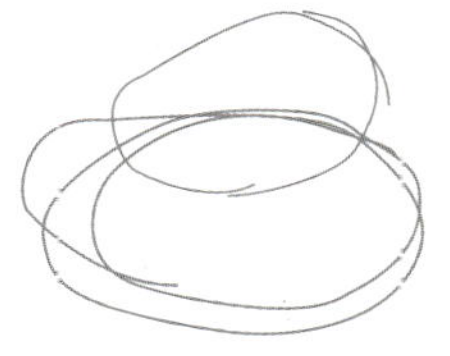

根根分明

除了慎选睫毛膏的品质之外，多花点时间用小钢梳检查睫毛的距离，也是创造根根分明的重点技巧。

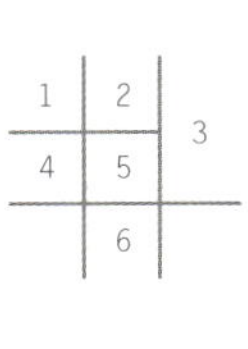

HOW TO MAKE

1 / **Z字型** 用少量的睫毛膏，从睫毛根部开始以Z字型刷睫毛，同时往上带到尾端，先做打底。

2 / **顶睫毛** 将睫毛膏直拿，从睫毛根部往上轻顶一下，加强根部的支撑力。

3 / **刷睫毛** 延续步骤2，接着顺着睫毛往上带到尾端，利用睫毛膏纤维拉长尾端的睫毛。

4 / **梳开睫毛** 月小钢梳将睫毛梳开来，让每根睫毛看起来的距离是一样的。

5 / **提拉眼皮** 用一手将眼皮轻轻往上提，这时再刷一次眼头、眼尾的睫毛会变得相当容易。

6 / **放射状刷拭** 最后以放射状的角度，将眼中、眼头、眼尾的睫毛再刷一次，呈现根根分明的睫毛。

卷翘迷人

浓密和卷翘的效果，一直是所有女生所追求的梦想！除了用产品本身的特色来加强外，刷睫毛膏时所运用的小技巧也不能忽视！

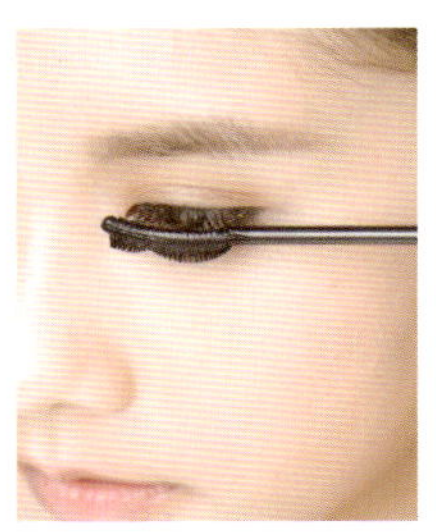

HOW TO MAKE

1 / **先刷上方** 眼睛往下看，先用睫毛膏刷拭睫毛的上方。
2 / **轻压→提拉** 从睫毛的根部往尾端，以轻压根部→拉提到睫毛尾端的方式，刷出卷翘的睫毛。
3 / **轻压睫毛** 眼睛平视镜子，将睫毛膏平行拿，轻放在睫毛的中央，轻压1～2下，加强睫毛的卷翘。
4 / **拉提睫毛** 最后再以直拿睫毛膏的方式，顺着睫毛往上拉提到尾端，不但可以创造卷翘，还可以拉长睫毛！

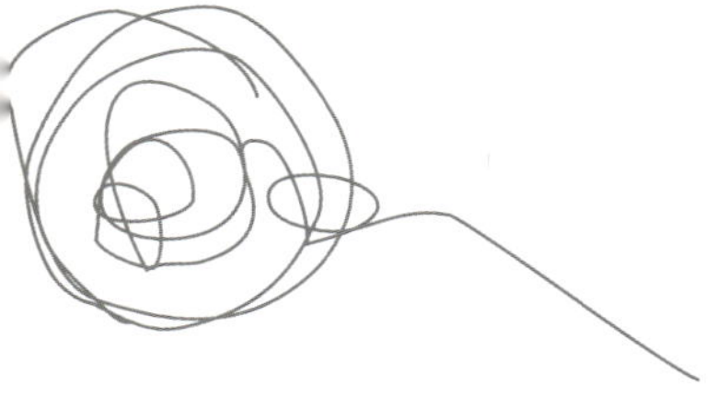

纤长俏丽

从打底开始多下功夫，再搭配坊间所贩售纤长型的睫毛膏，即使天生没有自然的长睫毛，也可以利用后天的工具自己创造！

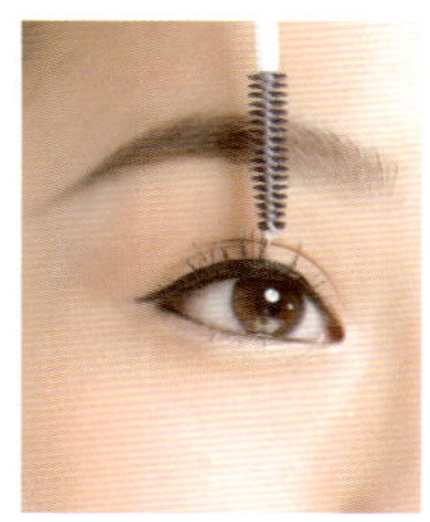

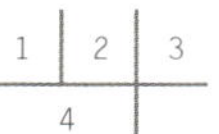

HOW TO MAKE

1 / **刷睫毛底膏** 先用睫毛底膏薄薄地刷于睫毛上。

2 / **加强尾端** 睫毛尾端处要特别用底膏多刷拭几次，以直拿底膏刷的方式，开始拉长睫毛的长度。

3 / **直刷睫毛膏** 选择纤维较多的睫毛膏，将睫毛膏直拿，从睫毛根部开始往上轻刷。

4 / **间隔一致** 刷睫毛时要注意睫毛的间隔与粗细是否一致，若有不一样时可用小钢梳调整。

下睫毛

下睫毛的刷法也可称为“面纸技法”，因为只要小小的一张面纸帮忙，再细小的下睫毛都可以刷出不晕染的好效果。

1 | 2 | 3

HOW TO MAKE

1 / **放面纸** 先将面纸折成小块直接放在下睫毛的下方，对着镜子眼睛往上看。

2 / **细刷头刷** 选择刷头细小的睫毛膏，从下眼睑的睫毛根部开始，将睫毛膏往下轻刷，重复刷2～3次，沾染到面纸也没关系。

3 / **眼头眼尾直刷** 刷眼头与眼尾时，将睫毛膏直拿，同样从下眼睑的睫毛根部开始往下轻拉长睫毛纤维即可。

what i conceive and believe,
i achieve. the thought i choose
to think and believe right
now are creating my future.

3–4 假睫毛的种类介绍

如果说假睫毛的发明，拯救了许多内双和单眼皮的女生，可是一点也不为过！
不过，市面上琳琅满目的种类，究竟该如何挑选适合自己的假睫毛款式呢？

交叉型＆眼尾加长

交叉型的假睫毛较为自然，加上眼尾加长的设计，也有拉长眼形的效果。

1

2

1 / 自然戏剧化效果的全睫毛。眼尾稍微加长，更可增加个人电眼效果。
2 / 短而浓密的效果，无论是自然风格或戏剧妆容，都能强力吸引众人目光。

束感型

束感型的假睫毛，可以创造出有如洋娃娃的圆形大眼效果。

3

4

5

3 / 自然的纤长款式，可以为眼妆增强醒目的效果。
4 / 自然加强款的设计，眼头及眼尾较小束，中段较长、较浓密。
5 / 自然长度设计，立即让眼神更加俏丽有型。

浓密型

浓密型的假睫毛最适合浓妆造型，或是参加特殊派对时使用。

6

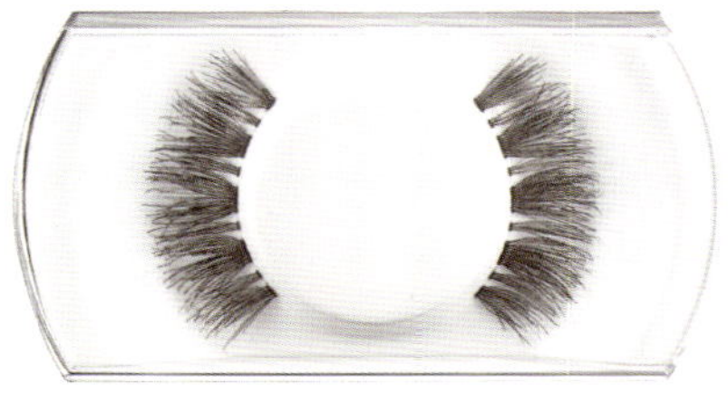

7

6 / 稍微戏剧化的长度，因为毛束较为紧密，可以达到有如羽毛般飞扬的效果。
7 / 稍为夸张的长度，以小束小束的睫毛设计，增添一种匀称的俏丽。

下睫毛

除了追求上睫毛的浓密卷翘外，下睫毛增量也是女孩儿们的眼妆小心机。

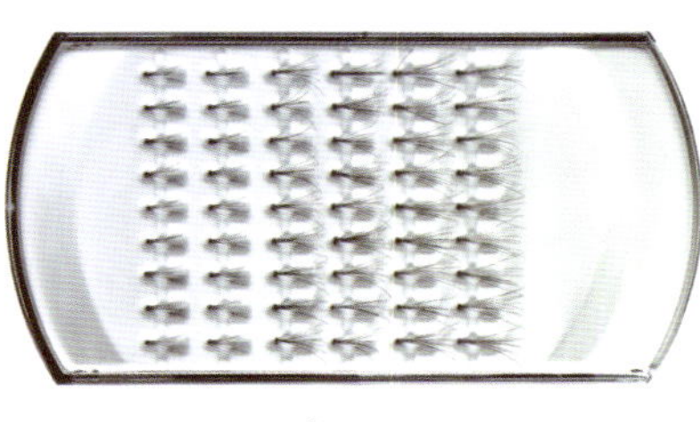

8

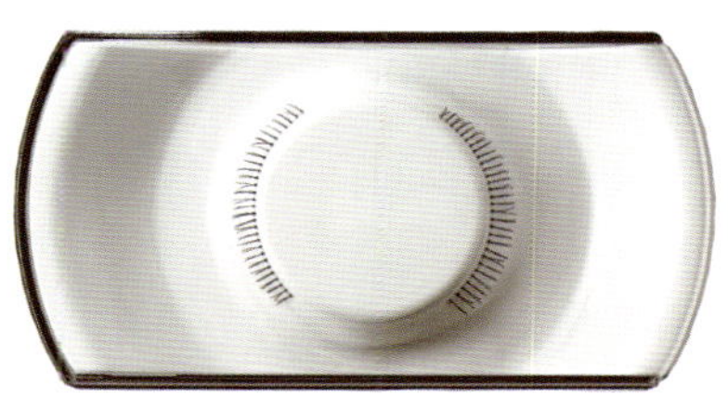

9

8 / 提供三种长度选择，适合不同的眼妆需求使用。
9 / 如同自己的下睫毛般，自然创造根根分明的效果。

小技巧

在粘好假睫毛后，不妨再使用睫毛夹或是睫毛膏将真假睫毛紧密融合在一起，这样呈现出来的效果会更自然！

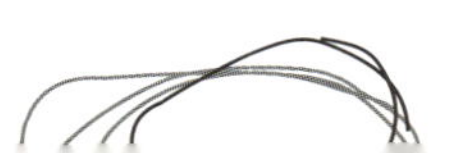

3–5 正确的假睫毛贴法

假睫毛

选择适合自己的睫毛款式，再配合个人的眼形长度，假睫毛虽然可以创造浓密大眼的妆感，但贴不好也会大扣分！

1	2	3
4	5	
6		

HOW TO MAKE

1 / **调整弧度** 假睫毛的梗一定要先变软。双手大拇指与食指轻拿假睫毛，由内往外（反方向）弯曲假睫毛。

2 / **修剪长度** 先将假睫毛放在眼睛上对照眼睛的长度，修剪时要少于0.2cm。

3 / **涂睫毛胶** 涂睫毛胶时要先涂抹中央，再涂抹眼头与眼尾，等到半干后就可以粘贴了。

4 / **粘贴假睫毛** 眼睛往下看，将假睫毛由上往下放在真睫毛的上方，用夹子帮忙调整位置会更顺手、服帖。

5 / **确认弧度** 眼睛平视镜子，用刷具尾端确认假睫毛是否有顺着眼睛的弧度粘贴，以不遮到眼睛的视线尤佳。

6 / **加强密合度** 如果真假睫毛太分开时，只要用睫毛夹轻夹一下加强密合。

Q **睫毛夹有使用期限吗？**

Ans 睫毛夹要定期更换弹力橡皮的部分，因为当睫毛夹失去弹力时，夹出来的睫毛就不会有漂亮的弧度，反而会呈现直角的角度。

Q **如何选择适合自己的睫毛膏？**

Ans 睫毛稀疏的人建议选择螺旋状的睫毛膏，因为刷头的间距密集，可以沾附较多的纤维。但如果是睫毛不够翘的人，建议选择梳子状的睫毛膏，创造根根分明的浓密卷翘感。

Q **刷睫毛时总是纠结在一起，有办法解决吗？**

Ans 不妨利用螺旋梳轻轻刷开，或是将睫毛膏用面纸擦干净后，再轻刷睫毛一次，刷掉睫毛纠结处即可。

Q **为什么刷了睫毛后反而更下垂？**

Ans 刷睫毛时一定要从睫毛的“根部”开始刷起！因为根部是支撑整个睫毛重量的地方，从此处开始刷拭时睫毛膏的分量最少，拉到睫毛尾端时睫毛分量最多，如此才能让睫毛变得轻盈不会下垂。若想要让睫毛变长时，不妨将睫毛膏以直拿轻刷睫毛的尾端拉出纤维，这样就不会增加尾端的重量。

Q **为什么睫毛永远夹不翘？**

Ans 如果用睫毛膏还是会让你的睫毛下垂，不妨使用烫睫毛器辅助。记得烫睫毛时每次停留约10秒钟后放开，不要持续太长时间，以免伤害睫毛。

Q 刷睫毛时如果不小心沾到眼皮该怎么办?

Ans 只要立刻用棉花棒蘸取少量粉底液擦掉即可。当睫毛膏沾染到眼皮时，越快处理越能清理干净。

Q 睫毛底膏可以做保养用吗?

Ans 睫毛底膏不等于睫毛滋养液，毕竟底膏是利用纤维来拉长睫毛，也需要卸妆清洁。

Q 如何让睫毛生长更快速?

Ans 一般药店都有贩售睫毛生长激素，但其实也可用最温和的方法，就是养成天天擦眼霜的习惯。因为眼霜中有很多滋养成分，涂抹时也会一起被睫毛根部的毛囊吸收，也有机会再次刺激睫毛的生长。

Q **下垂的睫毛可以直接去烫睫毛吗？能维持多久呢？**

Ans 如果是睫毛很容易下垂的人，不妨直接请专业的美容院烫睫毛，大约可以维持两个星期。但烫睫毛后记得不要经常去搓揉眼睛，并减少拉扯睫毛的化妆习惯。

Q **下睫毛很稀疏的人还需要刷睫毛膏吗？**

Ans 如果你是属于下睫毛很少的人，建议就不要刷睫毛膏了！不妨利用咖啡色眼影轻轻描绘眼睑处，创造自然阴影的方式，同样可使眼睛变得深邃有神。

Q **那么，下睫毛的妆容要怎么画才自然？**

Ans 下睫毛的眼影最重要的就是遮瑕与阴影的打造。可以利用遮瑕膏遮盖黑眼圈与泪沟，但靠近睫毛根部处稍微带过就好，不要一味涂抹遮瑕膏，会让眼下看起来一片死白没有立体感。接着再利用浅咖啡色轻刷下眼睑，达到定妆并创造眼下自然的阴影即可。

Q **假睫毛一直翘起来怎么办？**

Ans 如果你贴整副的假睫毛经常发生眼头翘、眼尾飞的情形，不妨将假睫毛剪成三段，分散支撑点粘贴，就能达到改善假睫毛乱翘的困扰。

Q **睫毛太翘容易遮住眼线，但又想要大又圆的可爱感？**

Ans 建议你可以使用咖啡色眼线，因为咖啡色眼线不仅可以让眼妆看起来更有层次，也不会有浓妆感。

Q **粘完假睫毛后，总觉得眼头不舒服？**

Ans 那是因为假睫毛的梗所造成的线条不流畅，这时不妨利用大拇指与食指，轻轻地将眼头的假睫毛往内凹压一下，就会觉得服帖多了！

Q **真假睫毛无法完全密合，看起来总有明显两层睫毛的感觉？**

Ans 如果用睫毛夹无法改善，不妨用较湿润的睫毛膏刷拭，利用睫毛膏将真假睫毛巧妙粘贴在一起。

Q **为什么粘贴假睫毛后，眼睛看起来却更小？**

Ans 浓密型的假睫毛有时候会有压眼的状况产生，只有在睫毛黏胶半干时，调整眼中到眼尾的弧度，避免下垂。

Q **如何粘贴两层假睫毛？**

Ans 第一层假睫毛可以粘贴在靠近真睫毛上方的眼皮处，第二层假睫毛则粘贴在局部眼中到眼尾，加强立体有神即可。

Q **撕下假睫毛后，总发现眼睑红红的？**

Ans 在卸除假睫毛时，必须使用棉花棒蘸取眼唇卸妆液乳化睫毛黏液，再取下假睫毛。

Q 假睫毛该如何保养?

Ans 价格较高的假睫毛材质较好，可以重复使用，保养时请注意以下事项：（1）将假睫毛的梗浸泡在眼唇卸妆液，软化睫毛胶，再用小镊子撕下假睫毛胶，但切记请不要整副睫毛都浸泡。（2）将假睫毛放在没有太阳且阴凉处自然阴干。（3）尽量不要扭曲或挤压假睫毛，选择宽敞的盒子放置假睫毛。

Q 嫁接睫毛能够维持多久?

Ans 如果保持良好的生活习惯，不揉眼睛、洗脸时轻揉、减少化浓妆的机会，一般来说嫁接睫毛都可以维持两周到一个月的时间。

Q 嫁接睫毛的费用怎么算?

Ans 目前嫁接睫毛的费用都是根据根数来计算的，例如最基本的80根2000元左右，120根约3000元。虽然坊间有许多优惠价格的促销方案，但毕竟会直接接触脆弱的眼周肌肤，如果不慎过敏发炎，或细菌感染都得不偿失，所以一定要选择有口碑且专业的salon才有保障。

Q 到底该种几根才适合自己呢?

Ans 建议你跟专业的美容师讨论自己的化妆习惯与需求，美容师会根据你的睫毛稀疏度与卷翘度来推荐适合的根数。建议第一次嫁接睫毛时不要接太多，确定自己可以适应后，在补接睫毛时再慢慢增加根数即可。

Q 嫁接睫毛后的保养应注意哪些事项?

Ans （1）选择无油脂的卸妆品与洗颜产品。（2）使用化妆棉时要小心棉絮纤维勾到睫毛。（3）避免趴睡压到睫毛。（4）避免搓揉眼睛。（5）不妨搭配睫毛保养液，可帮助睫毛更加强韧。

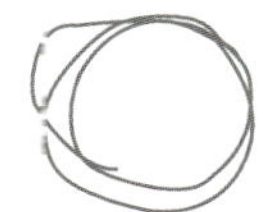

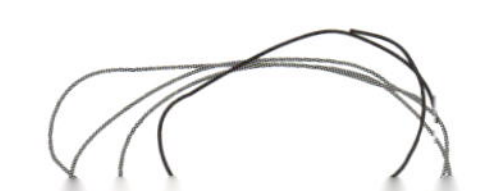

画龙点睛！眉毛工程不可少

在面相学上，眉形是掌握运势好坏的关键。在眼妆画法上，更是成败整体妆容的关键。

4-1 眉毛产品的种类介绍

美丽的眉形是打造韩系妆容不可或缺的重要功臣，在了解自己的眼形特色，并学会了眼线、眼影的上色，以及睫毛的刷整技巧后，接着只要完成眉毛搭配整体眼妆的调整，完美的韩系彩妆也就OK了！

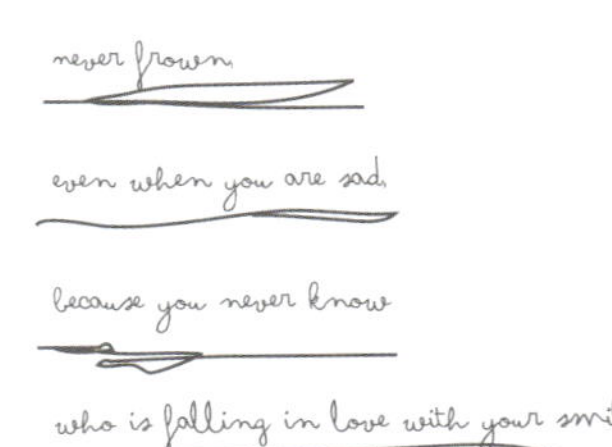

基本工具介绍

1　　2　　3　　4

5

6

7

1 / **M·A·C修眉夹** 内为金属、外层亮缎涂漆的独特造型。精准的角形尖端可精密地修剪眉毛，尖端内侧的表面质地特别设计得粗糙，更能够轻松夹除多余的杂毛。

2 / **BOBBI BROWN眉刷** 描绘眉形时，可运用斜角眉刷蘸取眉粉（或眼影粉），沿着眉形上缘加强眉峰处，让眼部产生自然拉提的有神效果。

3 / **M·A·C螺旋梳（亦可做睫毛刷）** 外形看似睫毛膏刷棒的螺旋刷毛设计，除了可用于刷睫毛膏、梳理根根分明的睫毛之外，更可以拿来梳整眉毛。

4 / **资生堂眉笔** 全新叶片状笔芯的眉笔，可以随心所欲画出想要的线条，打造纤细美丽的眉形。另一端则以笔状海绵蘸取眉粉的设计，可让眉形显得更加柔软自然。

5 / **IPSA眉粉** 看起来像是眼影设计的眉粉，针对东方人的肤色特别设计，以细致粉末适度涂在柔滑的肌肤上清透发色，展现自然晕开般的妆容面貌。

6 / **M·A·C眉胶** 只要由眉头向眉尾的方向轻轻地将眉胶刷上去，不仅有定型的效果，更会让你的眉毛看起来平顺无杂毛。

7 / **KATE眉彩膏** 可描绘眉形亦可修饰眉色的染眉膏，在使用完眉笔或眉粉后使用。只要由眉毛根部朝尾端轻轻梳顺，就可以轻松达到上色定型的效果。

Create
the Perfect Eyebrow

4-2 眼睛与眉毛的比例

眉眼比例

除了将眉眼间的杂毛清除干净外，眉峰的位置位于瞳孔外围，约为眉毛2/3处，高度则在眉骨上方。眉尾的长度约比眉头略高2mm尤佳。

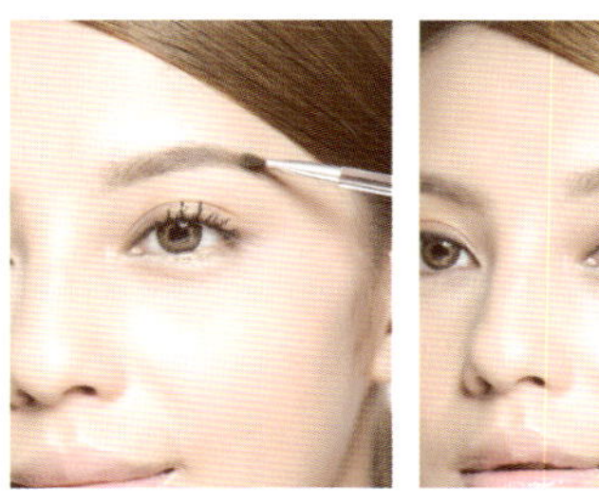

1	2	3
4	5	

HOW TO MAKE

1 / **上眼皮修饰** 利用较无珍珠光泽的霜状眼影修饰上眼皮，使轮廓深邃。

2 / **定眼神** 先勾勒内眼线，再加强眼尾之长度，使眼形的宽度约占脸的1/5。

3 / **强调立体** 夹完睫毛后，使用浓纤款睫毛膏以Z字呈现放射状来回刷。

4 / **塑造眉形** 将眉粉填补眉毛空隙，使眉眼之间的距离约占脸形长度的1/3比例。

5 / **眼周修饰** 用提亮笔在笑肌上方到颧骨处，利用打钩的方式修饰，增加眼周及眼形的明亮度。

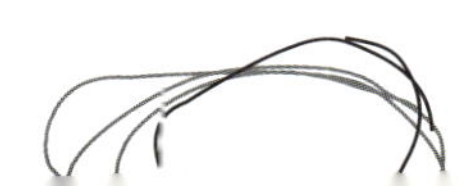

4-3 眉毛VS脸形

圆脸

利用眉粉来定位，眉笔来软化眉毛的线条，眉胶（或眉彩膏）来上色定型，就可以打造最自然与立体的眉形了。

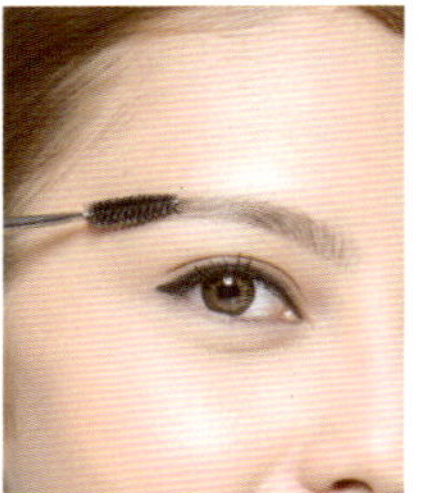

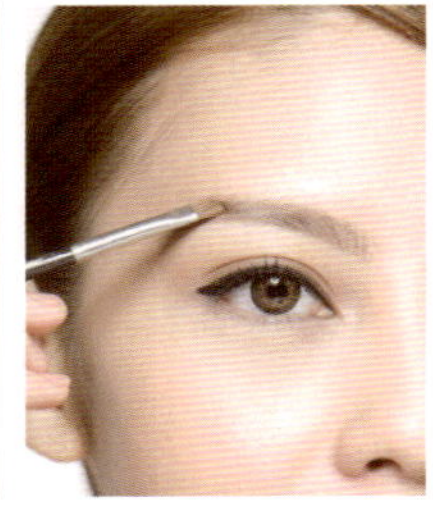

1	2	3
4	5	
6		

1 / **清除杂毛** 先用螺旋梳顺着眉毛的形状梳整齐，接着用夹子将多出来的杂毛，顺着眉毛生长的方向拔掉，记得千万不要用逆拔的方式。

2 / **螺旋梳梳顺** 接着再用一次螺旋梳，顺着眉毛生长的方向梳顺。

3 / **定出眉峰** 先用眉粉轻点一下正确的眉峰位置，接着每次蘸取少量的眉粉，一笔一笔画出眉峰的形状。

4 / **拉出眉尾** 确认眉尾的位置后，顺着眉峰往后拉出细细的眉尾，这时建议可以换成眉笔比较好画。

5 / **描绘眉头** 画完眉峰后，不要再蘸取眉粉，用笔刷上剩余的眉粉（或较浅色的眉粉），从眉头往后画到眉峰。

6 / **用染眉膏** 最后用眉胶或是眉彩膏，以向上斜45度角顺着眉毛横刷，让眉毛的颜色一致，眉形看起来也会比较立体。

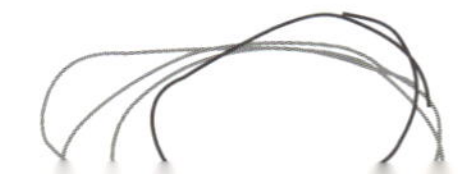

方脸

方脸的女生要特别注意眉形的角度，记得要以圆弧状的眉毛线条来修饰脸形，若是画得太硬或是有棱有角，反而会更加凸显方脸的反效果。

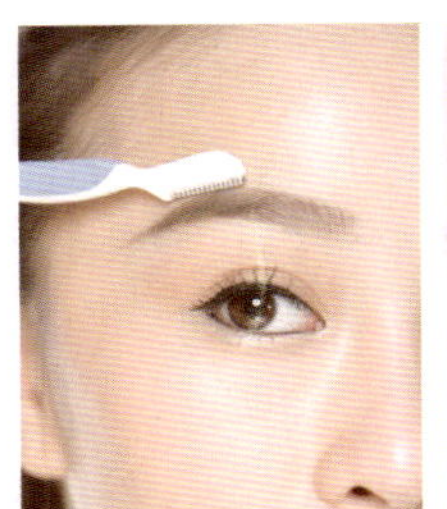

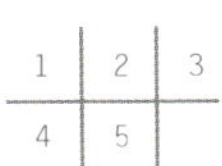

HOW TO MAKE

1 / **眉刀修轮廓** 先用螺旋梳顺着眉毛的形状梳整齐，接着用眉刀将眉毛轮廓以外的杂毛修掉，记得每次修一点点，看镜子确认完，再修，如此重复到完成。

2 / **眉笔勾形状** 用浅色眉笔先定出眉峰、眉尾、眉头，接着将眉毛的形状勾勒出来，线条不要太僵硬，圆弧形才能修饰方脸喔。

3 / **确认左右位置** 勾勒完毕后，先照镜子，确认两边眉毛的高度与形状一致。

4 / **填补眉毛** 接着改用较深一点的眉笔，将眉毛间的空隙填补起来，记得眉头颜色浅越到眉尾颜色越深。

5 / **用螺旋梳** 最后用螺旋梳顺着眉毛形状梳一次，将眉毛的线条与颜色变得柔和，不会有僵硬的感觉。

特殊脸形

不管是什么脸形，清除杂毛与梳顺眉毛是美化眉形首要的基本功。颧骨较高的女生，则需要利用拉长眉尾来达到修饰脸形的效果。

1	2	3
4	5	

HOW TO MAKE

1 / **用螺旋梳** 先用螺旋梳顺着眉毛的形状梳整齐，使眉毛的方向一致。

2 / **眉笔描绘** 用眉笔从眉头开始，以往上斜15度左右的角度勾勒到眉峰。

3 / **眉尾位置画低** 眉尾结束处要跟眉头在同一条水平线上，这时眉尾的位置也刚好在颧骨的正上方，虽比一般正常的眉形较长，但对颧骨却有修饰的效果。

4 / **深色染眉膏** 选择较深的染眉膏，以向上斜45度角顺着眉毛横刷，使眉毛增加立体感。

5 / **小钢梳整理** 最后再用螺旋梳顺着眉毛形状梳理一次，并可梳掉结块的染眉膏。

4-4 眉毛VS眼形

双眼皮

双眼皮的女生因为眼睛比较明显，所以也容易给人眼距太短的错觉。除了调整眉眼间距约在2.5cm外，只要以个人的发色搭配眉毛的颜色自然调整即可。

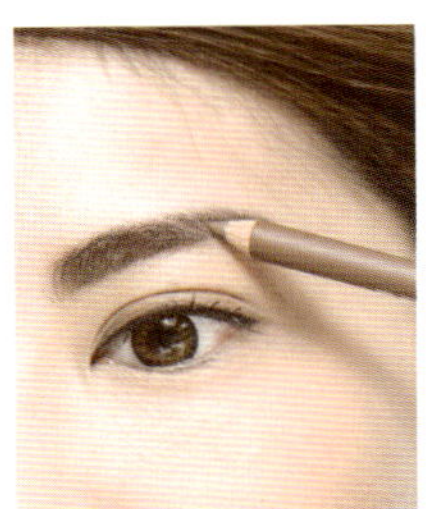

1	2	3
4	5	

HOW TO MAKE

1 / **刷子晕染眉形** 先用眉笔描绘出眉峰到眉尾的位置，接着以晕染用的小笔刷在眉峰轻刷，晕染出自然的形状。
2 / **填补空隙** 用小笔刷蘸取眉粉填补眉毛间的空隙。
3 / **浅色眉粉** 改用小支的眼影刷蘸取浅色眉粉，从眉头往后再画一次，再使用螺旋梳刷出渐层感。
4 / **透明染眉膏** 用透明的染眉膏（或睫毛雨衣），顺着眉毛的形状轻刷，将眉毛定型。
5 / **显色唇膏** 选择保湿又显色的唇膏描绘唇形，让脸形更加立体有轮廓感。

Create the Perfect
Eyebrow

单眼皮

单眼皮的女生容易让人产生太过犀利，或是难以亲近的刻板印象。在调整眉形时，首重眉峰的角度，切忌画得太过有角度，以平滑柔顺为重点。

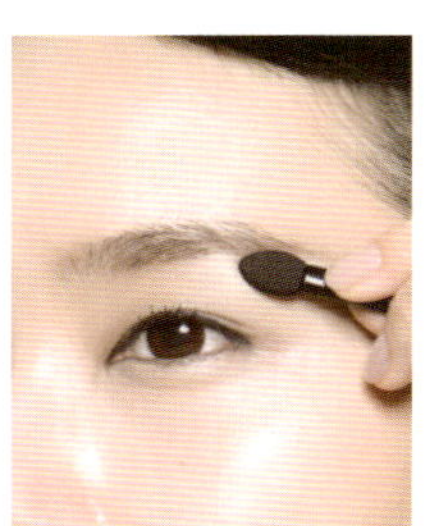

HOW TO MAKE

1 / **定出眉峰** 利用米金色的眼影，先将两边眉峰的高度定出来，因为一开始画的颜色会最深，确认眉峰位置相当重要。
2 / **画眉峰** 使用中间色的眉粉，描绘眉峰到眉尾。
3 / **填补眉毛** 接着用浅色的眉粉，先画眉头到眉峰，接着看镜子哪里有缺的空隙，再用浅色眉粉填补。
4 / **用螺旋梳** 用螺旋梳顺着眉毛的形状轻轻梳1到2次，这样眉毛的颜色可以被刷均匀。
5 / **刷腮红** 拿大腮红刷蘸取浅色腮红，从颧骨往笑肌位置轻刷，修饰脸形。

4–5 眉彩膏的使用方法

眉彩膏用法

眉彩膏，也就是一般所谓的染眉膏，主要是以上色和定型为主。眉毛较少或眉色较浅的女生，可以利用眉彩膏制造眉毛的浓密度以及加强眉色，眉毛较多或眉毛较深的女生，亦可利用眉彩膏修饰眉毛在眼妆上的比重。

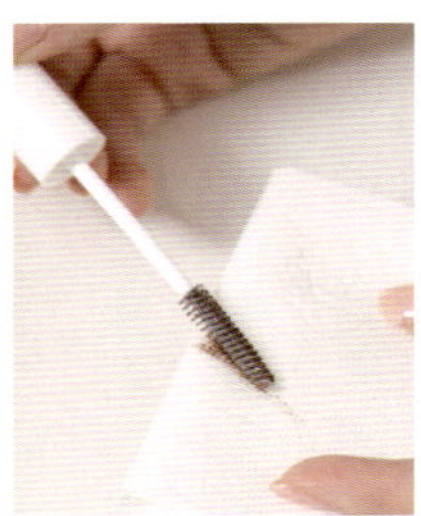

1	2	3
4		

HOW TO MAKE

1 / **比照眉色** 颜色要跟所使用的眉笔或眉粉画出来的颜色相近。
2 / **面纸轻擦** 拿出眉彩膏时先不要急着刷，不妨用干净的面纸将过多的眉彩膏擦掉。
3 / **斜45度横刷** 将眉彩膏横拿向上斜45度角，从眉头横刷到眉尾，以少量多次的刷法重复刷拭。
4 / **钢梳梳开** 用螺旋梳顺着眉毛的形状，梳掉纠结在眉毛上的眉彩膏。

Q 完美眉毛的比例怎么计算?

Ans 不管是修眉毛，或是画眉毛，尽可能以眉头、眉峰到眉尾的宽度为3：2：1的比例为标准，眉尾也请不要低于眉头的位置。

Q 应该先修眉毛还是先画眉毛?

Ans 建议先用眉笔画出基本的眉形后，再将超出范围的杂毛剔除。

Q 可以用眉刀来修眉毛吗?

Ans 眉刀为专业彩妆师常使用的道具，虽然可剔除干净，但技术不佳的人容易受伤。刀片式的眉刀能将杂毛修得很干净，建议大家还是用安全刀片。

Q 如果不小心眉毛修坏了，有缺角怎么办?

Ans 利用眉粉填补最自然，建议先用眉笔描绘出框线后，再用眉粉以同一方向画过，最后再用小刷子来回晕染就会很自然。

Q 什么是蜜蜡修眉?

Ans 利用蜜蜡清除纤细的毛发，比传统刮刀的持久性更好，可维持两到三星期，不仅不会让肌肤毛孔变大，新长出来的毛发也会更柔软、更细。

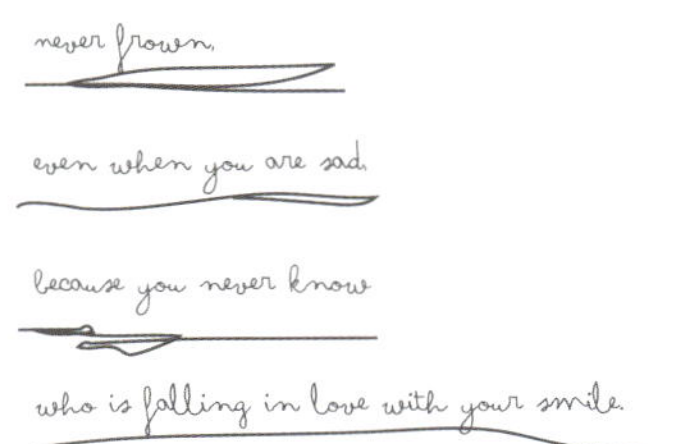

Q 蜜蜡修眉的时间大约多久？

Ans 先让美容师根据你的脸形设计后再进行修眉动作，前后大约半小时内就可以完成。

Q 如何选择适合自己的眉笔颜色？

Ans 只要将眉笔直接放在头发旁边对照，与发色接近的那个颜色，就是适合自己眉毛的颜色。

Q 眉头有角度该如何修饰？

Ans 用圆形的小笔刷从眉头往眉下凹陷处轻刷，可以自然晕染出颜色的渐层感，并创造眼窝的阴影，眼睛看起来会更加立体。

Q 眼眉之间到底要怎么上眼影？

Ans 谨记一个原则，基本的眼妆眼影绝对不要超过眼窝，也就是眉毛下方凹陷处。至于眼窝里每种层次晕染的范围，则看自己想要呈现的妆感而决定。

Q 为何眉粉刷的刷头都是斜的?

Ans 刷眉毛的时候，利用眉粉刷的斜角，从眉毛往45度角刷过，眉形就会跟着往上挑，看起来也会较有精神!

Q 想画出拉长效果的眼妆，眉尾该怎么画?

Ans 如果你的眼影较浓且眼线往后拉很长，这时眉峰与眉尾都要跟着往后移一点点，但这样的妆容不适合脸较窄的人。

Q 如果没有染眉膏怎么办?

Ans 不妨用咖啡色的睫毛膏代替，抽出来后先用面纸稍微擦拭一下，避免太湿润或颜色太明显。

Q 眉胶是什么?

Ans 眉胶可用来定型，加强眉毛的光泽度，如果没有眉胶，也可以用透明的睫毛胶来代替。

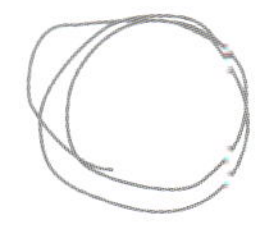
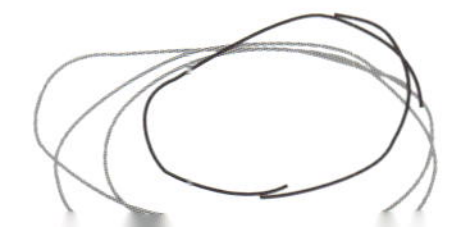

无懈可击！
韩流天后级完美妆容

想要学会正统的韩系眼妆，参考韩国女艺人的妆容准没错！模仿是学习的开始，只要勤加练习，人人都有可能成为正韩妞！

5–1 清新自然妆

漂亮宝贝／少女时代 允儿

韩国天后级的国民女团“少女时代”早已成为全球粉丝追逐的焦点。九位团员中又以允儿最受注目，更是广告商们最爱的最佳代言人。

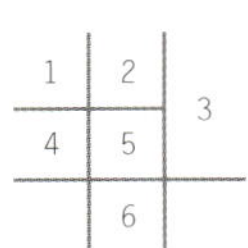

HOW TO MAKE

1 / **眼线补空隙** 先用眼线填补睫毛间的白色空隙。

2 / **深褐色眼影** 用深褐色眼影细细地沿着睫毛根部，从眼头画到眼尾，并在眼尾处来回晕染粗一些些，让眼神变得深邃。

3 / **下眼影褐色** 用小支眼影刷蘸取褐色眼影，从下眼尾画到黑眼珠的下方。

4 / **裸米色眼影** 用裸米色的眼影，从眼头的眼窝开始往后轻刷到眼睛中央，并将颜色往上延伸到眉骨，让眼妆有层次又明亮。

5 / **眉头加宽** 画眉毛时，先将眉峰到眉尾浅浅地描绘，再将眉头到眉峰的角度画平一点，且粗度可以加宽一点，这就是韩国流行的自然粗眉。

6 / **两色唇蜜叠擦** 先用深色的唇蜜涂抹于双唇，再用粉橘色的唇蜜在上下唇部的中央涂抹，加强丰润感。

never frown.
even when you are sad,
because you never know
who is falling in love with your smile.

国民妹妹/IU

以海豚音走红韩国乐坛的国民妹妹IU，有着自弹自唱又会创作的全方位歌手头衔，在妆感方面以简单自然的邻家女孩视觉为主，脸上的所有色彩均以裸色为出发点，以加强眼妆为主。

HOW TO MAKE

1 / **浅色打底** 选择粉肤色眼影打在眼窝处。
2 / **内眼线** 使用防水眼线笔勾勒内眼线。
3 / **1/3眼线** 眼睛平视，将眼线液顺拉眼尾1/3。
4 / **下眼尾** 使用深色眼影在下眼尾1/3处与上眼线连接。
5 / **眉毛** 利用眉笔勾勒出平眉，再用刷子自然晕开。

1	2	3	4
5			

国民初恋／miss A 秀智

国民美少女秀智，不仅让男生们心动，更令女生们称羡，而她也是韩国女学生争相模仿的对象。因为爱笑的缘故，动态纹的部分建议以修容代替遮瑕。

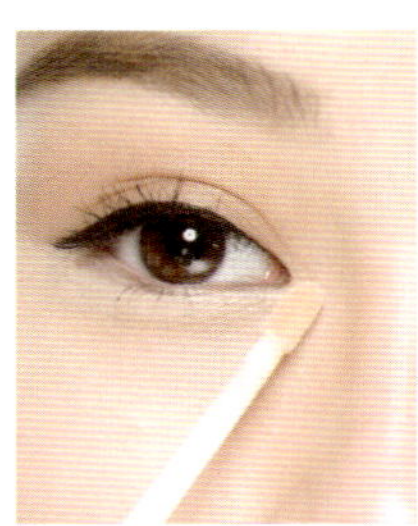

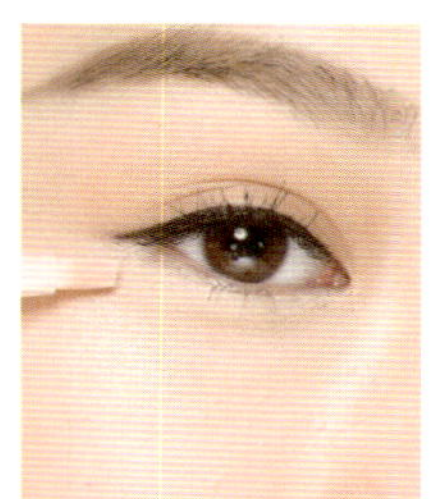

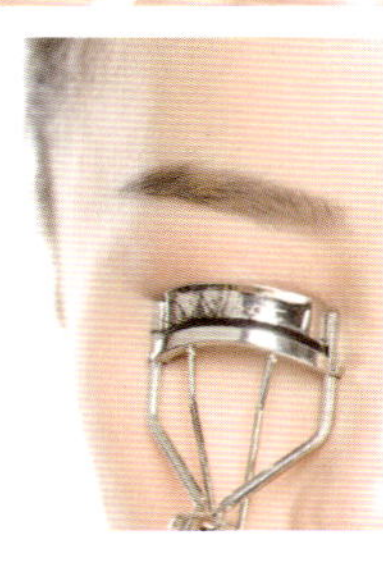

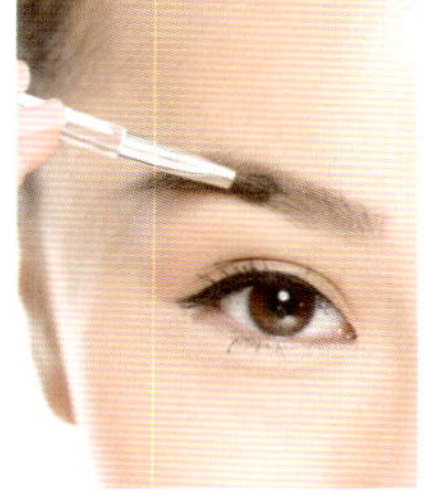

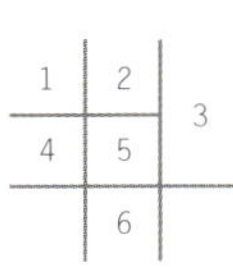

HOW TO MAKE

1 / **黑眼圈遮瑕** 将遮瑕膏轻点在眼下黑眼圈处，再用手指腹施加一点点力道轻按，颜色拍开后将力道减轻轻拍到遮瑕膏均匀为止。

2 / **动态纹不可遮瑕** 鱼尾纹、法令纹等动态表情纹避免使用遮瑕产品，若卡粉会让年纪看起来变老，建议用浅色修容打亮效果较好。

3 / **浅褐色刷眼窝** 蘸取浅褐色的眼影，从眼头开始往眼窝处局部晕染，让眼睛轮廓看起来深邃且立体。

4 / **夹、刷睫毛** 将睫毛夹翘后，用漆黑的睫毛膏来回刷两到三次，让眼睛看起来有精神。

5 / **眉粉画眉毛** 眉峰不要有明显的角度，用眉粉来画最自然。眉峰完成后，再用眉粉来补齐眉毛。

6 / **轻按唇膏** 选择有丝绒感的唇膏，直接轻按双唇，柔化唇缘线条，可让双唇看起来更自然。

5–2 甜美可人妆

邻家女孩／f(x) 雪莉

受韩系美妆品牌青睐的彩妆代言人，也是“f(x)”中超萌的代表Sulli雪莉，年轻的女孩们不妨仿效雪莉，利用颜色来增添整体眼妆的活力感。

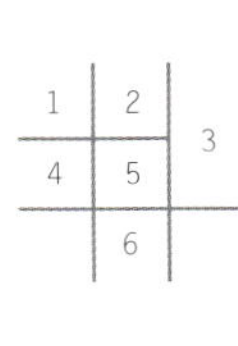

HOW TO MAKE

1 / **黑色内眼线** 用黑色眼线笔描绘细致的眼线。
2 / **绿色眼线** 用绿色眼线笔在眼线上方直接从眼头画到眼尾。
3 / **眼影棒** 以眼影棒再次叠擦并加粗宽度，增加眼妆眼色显色度。
4 / **粉底** 用粉凝霜打造底妆轻透感争致肤质。
5 / **唇彩** 以略带成熟的时尚粉雾质地唇膏打造迷人双唇。
6 / **睫毛膏** 以黑色睫毛膏加强眼妆，打造青春无敌的魅力。

女友代表／宋慧乔

因与宋承宪、元斌合演《蓝色生死恋》而红遍亚洲各地的韩国女星宋慧乔，出道十多年来依旧保持气质清新的亮眼形象。在超过30岁后，保养有素的她，也逐渐散发出成熟的新女性魅力。

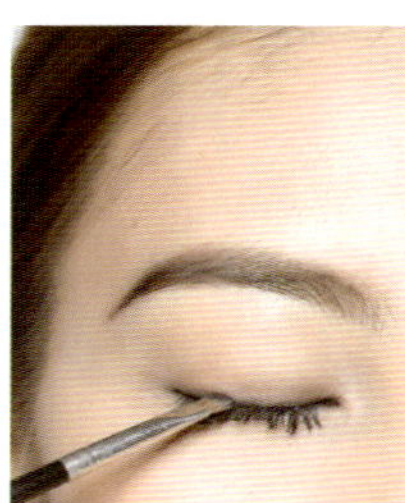

HOW TO MAKE

1 / **内眼线** 用黑色眼影笔勾勒内眼线。
2 / **外眼线** 以深色眼影先轻点在靠近眼褶中央，再往两侧晕开呈现自然渐层感。
3 / **睫毛膏** 以浓密款的睫毛膏加强深邃感。
4 / **打亮眼周** 选择较保湿且比肤色亮一度的眼影打亮眼周。
5 / **唇彩** 以珊瑚色系偏粉雾感的唇膏修饰唇部。

1	2	3	4
5			

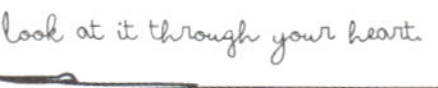

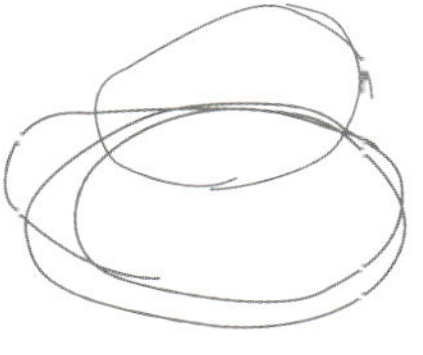

国民女神 金泰希

又圆又大的双眼是金泰希的个人特色，选择最基本的大地色系，再加上具有珠光效果的眼影搭配，就可以呈现出自然粉嫩的好气色。

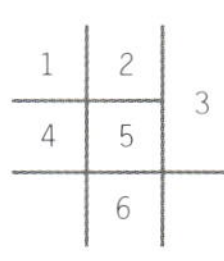

HOW TO MAKE

1 / **眼尾** 先用裸色的霜状眼影均匀涂抹于眼皮打底后，用小笔刷蘸取灰褐色眼影，从眼尾1/3刷到眼尾并往后拉长一点，再从下眼尾往前刷到黑眼珠外围，并将上下眼尾眼角颜色填满。

2 / **睫毛** 先刷一次睫毛后，眼睛平视镜子，再加强刷黑眼珠上方的睫毛，让眼睛看起来变大又有神。

3 / **下眼头** 选择有珠光的咖啡色眼影，从下眼头往后画与眼尾灰褐色自然融合，让下眼头有微亮透明感。

4 / **眉形** 先用螺旋梳顺着眉毛形状梳理，再用浅色眉笔，先画眉峰到眉尾，再描绘眉头到眉峰，最后填补空隙完成自然眉形。

5 / **打亮** 用含有细致珠光的蜜粉或浅色修容，从黑眼珠外围的下方开始，半弧形刷到太阳穴。

6 / **唇形** 先涂抹浅色唇彩，接着再用具有珍珠光泽的唇彩笔，描绘唇的外轮廓，让双唇看起来立体有型！

A Sense of Beauty
to Enjoy

5–3 性感女神妆

时尚女王／李孝利

成功利用眼线与眼影的搭配，创造单眼皮的闪亮新势力，即使每次大笑时眼睛眯成一条线，也让人无法忽视眼妆的存在感。

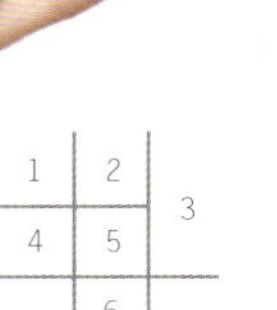

HOW TO MAKE

1 / **灰黑色眼影** 用灰黑色的眼影霜，从眼头的眼褶开始往后涂抹到眼尾，先让眼褶有深邃感。

2 / **上下内眼线** 用黑色的眼线笔（或眼线液），将上内眼线与下内眼线涂满。

3 / **加强下眼尾** 用小笔刷蘸取带有珠光的黑色眼影，以左右来回平画的方式，填满下眼尾的三角区，不仅可以拉长眼形，也可让眼神变得性感有神。

4 / **粘贴假睫毛** 选择浓密型的假睫毛，修剪适合自己眼睛的长度后，将假睫毛从上方放于真睫毛的上面粘贴。

5 / **浅色染眉膏** 用浅色的染眉膏，以向上斜45度角顺着眉毛横刷，淡化眉毛的颜色。

6 / **橘红色咬唇妆** 用亮色系的橘红色唇膏，涂抹于上下唇里面的一半，接着再用手指腹轻轻按压到唇缘，自然形成韩国最流行的咬唇妆。

流行教主／尹恩惠

从黝黑的少年女壮士成功转型为流行时尚界的教主，近年来出席公开时尚活动时，利用眼妆加强眼神的犀利度，也是尹恩惠让人印象深刻的主要原因。

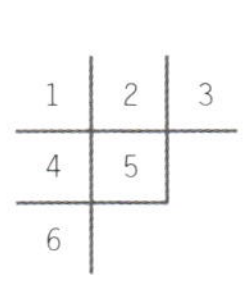

HOW TO MAKE

1 / **金棕色眼影** 用金棕色眼影，大面积地涂抹于整个眼皮，不要超过眼窝。

2 / **黑色眼彩笔** 用亮黑色的眼彩笔，从眼头沿着睫毛根部描绘到眼尾加粗的眼线。

3 / **叠上黑色眼影** 用笔刷蘸取带有珠光的黑色眼影，叠在黑色的眼线上，从眼头到眼尾来回并往上轻刷，柔和线条并创造黑色眼妆层次。

4 / **描绘下眼线** 用眼线胶，描绘下眼线，让眼睛往下放大，轮廓看起来更深邃。

5 / **眉笔画眉毛** 用眉笔在眉毛稀疏的地方，顺着眉毛生长方向一笔一笔填补眉毛空隙。

6 / **雾面唇彩** 选择雾面的唇膏，涂抹于上下唇的中央，再用手指腹轻拍均匀，淡化颜色。

never frown,
even when you are sad,
because you never know
who is falling in love with your smile.

演技天后／申敏儿

展现正宗韩系美人味的申敏儿，是广告厂商力邀代言的对象，也是时尚杂志的封面首选。虽然没有浓眉大眼，但眼妆却是韩国时尚圈引以为傲的指标。

HOW TO MAKE

1 / **眼彩笔** 将深灰色的眼彩笔勾勒在眼褶内约0.3cm。
2 / **眼影** 以偏金的咖啡眼影直接晕染在眼窝处，最后再往下晕染深灰色的界线，就能保持眼妆的干净。
3 / **下眼影** 再以同色系（咖啡色）从眼尾开始，颜色由深到淡，往前、往下自然晕出渐层感。
4 / **内眼线** 使用黑色眼线笔勾勒下内眼线。
5 / **眉形** 利用眉笔强调眉形，增添眼妆的利落感。

1	2	3
4	5	

5-4 韩风个性妆

魅力诱人／4 MINUTE 泫雅

连江南STYLE的PSY大叔都无法抵挡的泫雅的魅力，有别于实际年龄的浓艳妆容，再搭配上性感的舞蹈动作，总是可以成功制造媒体新话题。

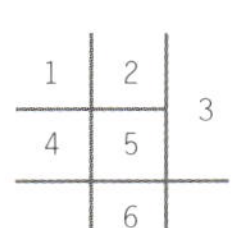

HOW TO MAKE

1 / **描绘黑色眼线** 用添加珠光的黑色眼线笔，先沿着上睫毛根部描绘到眼尾，接着再从下眼尾描绘到下眼头。
2 / **叠上眼影粉** 用笔刷蘸取同样具有珠光的深色眼影，从上眼皮的睫毛根部往上晕染到眼窝，越往上颜色越淡。接着再将笔刷的余粉叠刷于眼线上，模糊线条感。
3 / **黑色眼线液** 用黑色的眼线液，从眼头细细地描绘上眼线，画到眼尾时往外拉长约3mm。
4 / **眉笔画眉毛** 用咖啡色眉笔，在眉毛稀疏的地方，顺着眉毛生长方向一根一根描绘出来，补齐眉毛的线条。
5 / **局部打亮** 用浅色蜜粉，在T字、眼下三角区轻刷，增加脸部的透明感与立体度。
6 / **涂裸茶色唇** 使用裸茶色的唇膏涂抹双唇，降低唇色，让妆感看起来更一致。

亚洲天后／BoA

14岁就以惊人的舞台魅力出道，除了横扫日韩乐团外，更将个人的演艺版图扩及亚洲市场。从小女孩之姿到近年来日渐成熟的小女人气息，BoA的妆容不以华丽取胜，而以强调个人风格为主。

HOW TO MAKE

1 / **杏色眼影** 用杏色眼影，从眼头往眼尾淡淡地涂抹于整个眼皮，不要超过眼窝。

2 / **棕杏色眼影** 选择带有雾光的棕杏色眼影，从眼窝的内侧开始往眼褶晕染，越往眼褶颜色越浅。

3 / **金褐色眼影** 用金褐色眼影，从下眼尾往前到黑眼珠的外围晕染，再往下将眼影范围涂宽一些。

4 / **用染眉膏** 用浅色的染眉膏，以向上直立的方向刷，让眉形立体有个性。

5 / **红色唇彩** 用保湿度高、高显色度的红色唇膏涂抹于双唇，让双唇看起来立体。

1	2	3
4	5	

冰山美人／WONDER GIRLS 昭熙

单眼皮的昭熙，不笑的时候总是有着冰山美人、难以亲近的形象。在眼妆部分除了以黑色眼线强调整体的妆容外，假睫毛也是凸显眼睛炯炯有神的关键。

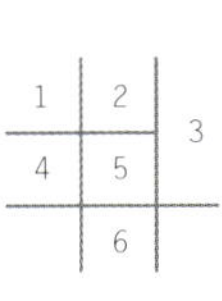

HOW TO MAKE

1 / **眼线笔描绘** 先用防水的眼线笔，从上眼头往后描绘到眼尾加粗，并往后拉长0.5cm，再从下眼尾加粗描绘到细细的下眼头，最后将上下眼尾涂满，呈现三角形眼线。

2 / **眼线胶加强** 用黑色眼线胶再从上眼头到上眼尾、下眼尾到下眼头，细细地描绘一次，加强利落的线条感。

3 / **浓密假睫毛** 选择浓密型的假睫毛，粘贴于真睫毛的上方，假睫毛的黑色梗可增加眼线的存在感。

4 / **眼下打亮** 以斜角刷蘸取亮白色的蜜粉或修容，刷于眼下三角区，提亮整体妆感。

5 / **加长眉尾** 用眉笔往后拉长眉尾与眼线结束的位置一样，眉峰也可稍微往后一点点，眉形比例会比较漂亮。

6 / **润色护唇膏** 选择具有润色效果的护唇膏涂抹于双唇，呈现自然的唇色即可。

do not look at the world

through your head;

look at it through your heart.

Q **不同颜色饰底乳的功能?**

Ans 饰底乳的功能就是修饰肤色。黄色可以让肤色有透明感;粉红色可以修饰白皙的肌肤,让肤色看来红润;紫色可以修饰黯沉的肤色,提亮肌肤;绿色可以修饰泛红的肤色,并可修饰痘痘肌。

Q **有光感的底妆该怎么达成?**

Ans 妆前保湿相当重要,当肌肤充满保湿水分,即使用很少量的粉底,也可以相当服帖且充满光泽感。

Q **如何让底妆看起来更白皙?**

Ans 现在很流行CC霜,它主要的功能在提亮肤色。建议在底妆前用CC霜涂抹于两颊、T字与下巴,这样就可以让肤色看起来有自然的白皙感。

Q **珠光饰底乳可以用全脸吗?**

Ans 珠光饰底乳千万不可以整脸使用,那只会让你的脸看起来变大!建议局部使用在眼下三角区和T字部位,加强肌肤光泽即可。

Q 用BB霜就可以不用打底了吗？

Ans 虽然市面上很多标榜一罐拥有保养、隔离、打底等多功能效果，但还是要建议大家一定要做好妆前的保湿，且夏天使用的BB霜系数较低，还是要多擦一层防晒乳较好。

Q 如何让脸部看起来更立体？

Ans 建议大家可以利用粉底液与修容双重修饰法：（1）先用深色粉底液，从腮帮子往下巴轻刷。（2）接着用最深色粉底液，沿着下巴轻刷并带到脖子。（3）用浅咖啡色修容轻刷腮帮子到下巴。（4）再用最深色修容沿着下巴轻刷并带到脖子。（5）最后用干净的刷子整脸轻刷一次，均匀地刷掉脸上的色差。

Q 底妆该怎么补妆？

Ans 用粉扑先按压掉脸上的浮粉，再在粉扑上喷一点水，接着蘸取少量的粉底液，直接重新全脸上妆并加强脱妆处，最后用蜜粉轻拍全脸定妆。

Q 膏状腮红该怎么使用?

Ans 如果想要呈现从肌底散发出来的自然感，建议在定妆之前，先用膏状腮红轻拍笑肌处，接着再涂抹粉底液与粉饼，腮红也就会很自然地呈现出来。

Q 邻家女孩的腮红怎么画才自然?

Ans 选择蜜桃色或浅粉红色的腮红，以笑肌为起点，画出像Nike logo的钩状，不但可以修饰脸形，还能创造两颊淡淡的粉嫩感。

Q 唇色很深该如何变浅?

Ans 打底时先利用粉底液轻拍双唇减低唇色。千万不要用遮瑕膏覆盖，那只会让唇部看起来更干燥。

Q 为什么用唇笔描绘唇线时会歪歪的?

Ans 建议画下唇线时可以对着镜子微笑后再画，当放松唇部时就会发现唇线线条非常流畅喽!

Q **涂抹唇蜜还是觉得很干燥?**

Ans 因为唇蜜是以胶质制成，当胶质干掉后就会感觉有一层东西在唇上，但并非是唇部太过干燥的死皮。其实只要记得在上唇蜜前，先涂抹一次护唇膏加强滋润度即可。

Q **如何让唇形看起来有嘟嘟的丰润感觉?**

Ans 妆前保养时可利用护唇膏按摩唇周，这样就可以让唇形看起来又立体，又翘!

Q **什么是唇釉?**

Ans 唇釉拥有唇膏的显色度，加上唇蜜的水润感。懒得用唇膏再用唇蜜的女生，不妨试试唇釉来上色。

Q **唇部该怎么卸妆?**

Ans 与眼部一样先湿敷眼唇卸妆液约1分钟，接着用擦拭的方式将唇上的颜色擦干净，最后再用清水冲过即可。切记卸完后一定要马上涂抹护唇膏。

Q **裸妆时该怎么画裸眼妆才自然?**

Ans 想要画出素颜般的心机妆，不妨利用一些有光感的眼影膏。湿润的眼影膏不但可加强眼皮的深邃度，又能保持眼皮的透明感，最后只要再加上一点点的黑色内眼线即可!

Q 画完眼妆后，脸却看起来脏脏的？

Ans 那是因为眼影飞粉的关系所造成的，请遵守以下三大原则：（1）用笔刷刷到眼尾时，刷子请慢慢提起，不要一下子拉开，当快速提高笔刷时，笔刷上的余粉就会往下掉到肌肤上。（2）准备干净的蜜粉刷，当不小心有眼影粉掉落脸颊时，要立刻用干净的蜜粉刷刷掉。（3）画眼妆时可以先在眼下扑上厚厚的蜜粉，这样就能避免眼影飞粉时直接沾染肌肤。

Q 如何画出四季分明的彩妆？

Ans 除了可以多参考时尚杂志外，每年彩妆品牌也都会根据季节推出限量彩妆，因为每季颜色与化妆技巧都不同，只要颜色选对了，晕染的部位再跟着调整变化，就能让你一整年的妆看起来都不一样。

Q 熟龄肌不能画太重，但又想要有神韵?

Ans 建议熟龄的姐姐们只要简单加强眼线跟睫毛的长度，主要将妆感表现在唇部与透亮的底妆，这样更能凸显个人气质。

Q 新人面试妆该如何画，才能让人留下好印象?

Ans 避免画浓的眼妆，只要利用简单的大地色眼彩，再加上粉嫩的唇蜜即可。

Q 临时遇到晚上有特殊场合时该怎么变妆?

Ans 建议可以加粗眼尾的眼线，并选择眼尾加长的假睫毛。试着将唇彩提亮，也会显得很知性且优雅。

Q 戴眼镜时该如何画出漂亮的妆容?

Ans 如果你是彩妆初学者，戴上眼镜反倒会没有技巧不好的困扰！因为当眼影透过镜片，就算晕染技巧不好，眼线画得歪歪的也都没关系！重点是请一定要加强眼影的晕染度与拉长眼线，至于睫毛膏就算省略不刷也OK!

Step 1：用浅咖啡色眼影大面积晕染眼皮。

Step 2：以中间色的咖啡色眼影晕染眼褶。

Step 3：接着用最深的咖啡色晕染眼尾1/3，并往后拉长一点点。

Step 4：最后描绘内眼线与上眼线，并将眼线往后拉长一点点。

图书在版编目（CIP）数据

天后御用造型师Kevin's彩妆术 / 陈凯文著. — 北京 : 九州出版社, 2014.6
ISBN 978-7-5108-3056-3

Ⅰ. ①天… Ⅱ. ①陈… Ⅲ. ①化妆－基本知识 Ⅳ. ①TS974.1

中国版本图书馆CIP数据核字（2014）第130578号

版权合同登记号 图字：01-2014-3881

天后御用造型师Kevin's彩妆术

作　　者	陈凯文 著
出版发行	九州出版社
出 版 人	黄宪华
地　　址	北京市西城区阜外大街甲35号（100037）
发行电话	（010）68992190/3/5/6
网　　址	www.jiuzhoupress.com
电子邮箱	jiuzhou@jiuzhoupress.com
印　　刷	廊坊市兰新雅彩印有限公司
开　　本	720毫米×960毫米　16开
印　　张	9
字　　数	134千字
版　　次	2014年10月第1版
印　　次	2014年10月第1次印刷
书　　号	ISBN 978-7-5108-3056-3
定　　价	36.00元